이제 유전자 비즈니스가 뜬다

지은이
오쿠오유미꼬 · 닛게이산업소비연구소

지성문화사

··· 머리말 ···

첨단 과학의 시대라고 일컬어지는 20세기는 과거 신
의 영역으로만 생각되었던 유전자 조작의 가능성을 인
류에게 부여하였습니다. 식물, 동물, 그리고 인간의 유전
자를 해명하고 조작하는 기술은 자연의 제약으로부터
인류를 벗어나게 하고 식품생산이나 의료산업에 응용하
여 건전하고 풍요로운 21세기 사회에 대한 희망을 안겨
줍니다. '유전자 비즈니스'라 불리는 유전자 기술을 핵
심으로 한 산업이 비약적인 신장을 보여 산업사회도 큰
변화를 일으키고 있습니다.

그렇다면 유전자 기술은 어떠한 비즈니스를 산출해
내며, 어떠한 사회변화를 일으키는지, 그리고 일본은 유
전자 비즈니스에서 얼마만큼의 국제 경쟁력을 가지고
있는 것인지 알아보도록 하겠습니다.

일경산업소비연구소는 산업이나 산업사회의 미래를
예측하는 활동의 커다란 주춧돌로써, 1997년 여름부터
유전자 비즈니스 연구에 돌입했습니다.

복제양 '돌리(Dolly)'를 처음으로 국내외를 막론하고
복제동물이 탄생하는 등, 바이오 칩이 등장, 유전자 기
술을 응용한 의료나 보험상품이 연구, 개발되어 이 분
야의 눈부신 발전이 기대됩니다.

우리는 해외에서의 현지취재는 물론, 인터넷 회의를

포함한 국내외 네트워크를 사용하여 최신 상황을 체계화하려는 노력을 아끼지 않았습니다. 더욱이 현 상황을 파악하는 것에 만족하지 않고 미래를 예측함과 동시에 문제점을 추구하는 시점에서 이 책을 집필하게 되었습니다. 이 책이 의약, 의료, 보험이나 식품 분야는 물론 유전자 기술이 가져다주는 변화에 관심을 가지고 있는 분들에게 많은 도움이 되었으면 합니다.

이 책의 집필에는 본 연구소 산업그룹에 소속되어 있는 오쿠노 유미꼬씨('99년 3월부터 일본경제신문사 편집국 산업부 기자)가 담당했으며, 편집은 연구1부 부장인 가와베 마사아키, '닛케이테크노프론티어' 편집장인 무라카미 가츠히꼬씨가 담당했습니다. 취재에 적극 협력해 주신 국내외의 관계자 여러분, 그리고 유전자 기술의 산업화 가능성이나 윤리적인 문제를 둘러싼 토론에 참가해 주신 선생님들에게 깊은 사의를 표하는 바입니다.

··· 차례 ···

머리말 ··· 3
프롤로그 ··· 10

1. 유전자 · 바이오 기술이 산업과 사회를 바꾼다

1. 복제 기술이 개척하는 미래 산업 ··· 17
동물이 공장이 되는 날 ··· 17
장기 이식에도 복제 기술이 공헌 ··· 21
일본에서는 육질이 좋은 소 개발에 ··· 24
복제 인간 등장? ··· 27

2. 건강은 인간 제놈(유전체)계획에서부터 시작된다 ··· 31
단번에 효과가 있는 약, 또는 질병의 예방이 실현으로 ··· 31
2003년까지 유전자 정보해독을 목표로 ··· 34
생명체의 설계도 해독으로 의료가 일변한다 ··· 36
미국에서는 관민을 불문하고 제놈(유전체)계획을 추진 ··· 38
기업도 제놈(유전체)연구에 주력 ··· 40
일본기업의 뒤늦은 출발 ··· 42

3. 유전자연구로 한발 앞선 품질개량기술 ··· 45
파란 카네이션의 등장 ··· 45
품종개량 속도의 대폭 향상 ··· 47
열악한 환경에 강한 식물 만들기 ··· 50

4. 화학 실험실이 손바닥만한 크기로 ··· 54
대중성이 높은 마이크로 · 풀잇 · 칩 ··· 54
수 센티의 소규모 실험실이 실현 ··· 57

2. 유전자 진료 시대

1. 본격적인 유전자 치료가 가동 … 61
　동경대에서 시작된 암 치료 … 61
　질병치료 설계도를 송신 … 62
　외국에서 이미 산업으로 인식되기 시작 … 65
　태아 유전자치료 계획이 거론 … 67
2. 커스텀 메이드 의료 … 70
　유전자조사로 처방전 … 70
　의료산업의 패러다임 변화 … 72
　의료비 삭감 대책 … 74
　제놈(유전체) 창약(創藥) 포럼 발족 … 75
3. 유전자 검사가 의료산업을 바꾼다 … 79
　감염증 진단에서부터 보급 … 81
　인간유전자는 정보의 보고(寶庫) … 83
　선진 각국에서의 유전자검사 비지니스 등장 … 86
　생활습관병도 사전에 예방 … 88
4. 출산 전의 진단을 둘러싼 논란 … 91
　모체혈청 마커검사가 보급 … 91
　무책임한 선전의 자제를 … 93
　비지니스화에 대한 강한 저항감 … 95

3. 비약적으로 다가온 생물공학

1. 해충이나 농약에 강한 채소가 식탁에 … 101
　제초제는 해충내성의 주범 … 101

일본에서도 연구 추진 … 104
안정성 확인이 포인트 … 106
식물이 의약품 공장이 되는 날 … 108
2. 비( )유전자 변형 … 112
비유전자변형 두부가 화젯거리로 … 112
유전자변형 식품은 먹고 싶지 않다고 하는 사람도… … 114
표시문제가 부상 … 116
3. 유전자변형 나무가 친환경 산업의 일환이 된다 … 119
다량의 종이를 생산할 수 있는 포플러나무 개발에 … 119
에너지원으로서의 이용에 유망 … 121
배기가스에 강한 식물등장 … 122

4. 기술을 선도하는 해외기업

1. 가속되는 칩 개발경쟁 … 127
DNA칩의 충격 … 127
검사와 연구에 이용 … 131
특허분쟁 속출 … 132
일본에 진출한 미국의 DNA칩 … 134
해석 데이터의 상품화 … 135
2. 농업 바이오 기업 … 138
급속히 제휴·합병을 진행하고 있는 몬산토 … 138
자사의 기술만으로는 역부족 … 141
3. 미국의 유전자연구와 윤리 … 144
BRCA유전자에 주목 … 144
보험의 차별경계가 유전자검사 보급의 장애가 된다 … 146
법 제정을 위한 활발한 움직임 … 147

'역차별'은 일어날 것인가? … 148
재판관의 교육도 … 150

5.반격을 꾀하는 일본 연구기관의 활로는 어디에 있는가?

1.제놈(유전체)해석, 반격을 가하다 … 157
높은 해석능력을 지닌 카즈사 DNA연구소 … 157
헬릭스 연구소도 제놈(유전체)연구로 성과를 … 159
5개 부처 연계로 반격을 가한다 … 161
힘내자! 일본의 바이오벤처 … 163
쯔쿠바펀드도 바이오 벤처에 투자 … 165
일본 국내에서도 기대를 받고 있는 벤처기업 … 166
TLO에 집중되는 기대 … 167
바이오협회가 실태조사 … 169
기초연구 수준을 향상시켜야 … 171

2.일본의 강점인 미세(   )가공기술을 응용 … 172
올림퍼스가 DNA증식 칩을 개발 … 172
이쿠다(生田)교수의 화학IC 구상 … 174
미세가공과 약학연구자가 손을 잡는다 … 177
DNA칩도 일본에 등장 … 178
대학, 국립연구소는 칩의 내용을 중시 … 179
고도의 기술을 보유한 히다치(日立)제작소 … 181

3.'벼 제놈(유전체)계획'으로 주도권을 … 183
4억이 넘는 염기쌍을 해독 … 183
중요 특허취득 경쟁 … 186

4.수입의존에서 벗어나기 위한 유전자치료 기술 … 189

국산 벡터를 만들자! 관민출자 디나벡 연구소 … 189
다카라주조(寶酒造)의 기술은 미국에서 임상응용으로 … 192
일본기업의 본격적인 등장은 지금부터 … 194
대학을 중심으로 기초성과가 … 195
〈철저토론〉일본의 활로는 어디에 있는가? … 198
인간제놈(유전체)의 목적을 생각한다 … 199
'제놈(유전체)연구함대'을 편성하자 … 202
민간기업도 분기해야 한다 … 204
제놈(유전체)연구정책을 제언하는 조직을 만들자 》》》 206
기술을 간파하는 눈을 갖자 … 207

6.유전자 산업이 직면하고 있는 윤리·사회적인 문제

1.가이드라인 작성의 필요성 … 215
인폼드컨센트(Informed consent)는 불가결 … 215
현장의사의 이해를... … 217
2. 유전자 검사에 대한 일반인들의 의식 … 218
40% 이상이 검사에 긍정 반응 … 218
2만엔 미만이 타당 … 221
검사결과 취급에 대한 문제 … 222
3.유전자 산업화에 따른 윤리적 문제 … 224
유전, 유전자에 대한 의식 … 224
무엇을 위한 유전자 테스트인가 … 226
불이익 방지가 필요 … 229
보험회사의 정보이용 … 234
전문가 조직결성 … 238
에필로그 … 240

※참고문헌 … 250

·프·롤·로·그·

일본의 유전자산업을 내다보는 네가지 시점

유전자 연구를 중심으로 하는 바이오 기술이 실험실이
라는 국한된 공간에서 사회로 확산되고 있다.

유전자 변형 식품이 우리들 식탁에 등장하고 유전자
치료에 대한 임상실험도 일본국내에서 시작되었다. 또한
일본 국내의 바이오 시장은 이미 1998년에 일조억 엔을
돌파했고, 이후 더욱 증가될 추세를 보이고 있다.

개인의 유전자를 조사하고 체질에 맞는 치료법이나
약을 선택하는 '커스텀 메이드'라고 하는 의료기술도
21세기 초두에는 실현의 가능성을 보이고 있다. 이는
약의 부작용을 감소시키고, 의료비를 절감시키는 결정
적인 방법으로서 의료업계를 중심으로 그 열기가 뜨거
워지고 있다.

그외 새로운 기술의 개발도 진행되고 있으며, 세계적
으로 화제를 불러 일으켰던 복제 양 '돌리(Dolly)'의 개
발을 필두로 지금까지 '신의 영역'으로만 간주되어 왔
던 것이 차례로 인간의 손에 의해 실현을 거듭하게 되

었다. 예전에는 'SF소설에 불과하다'며 간단히 흘려 넘겨 버렸던 것들도 지금은 인간의 힘으로 실현가능한 범위 내에 있다. 이는 산업계나 제조업 전반에 걸쳐 커다란 영향을 불러 일으킬 조짐마저 보이고 있는 것이다.

이런 상황에서 실험실에서만 국한되었던 유전자·바이오 기술이 사회로 진출하는 것에 대해 경종을 울리는 움직임도 일고 있는 것도 사실이다. 그러나 유전자 연구는 생명의 신비를 해명하는 한편, 그것에 인간의 손을 가하는 연구이기도 하다. 유전자 기술은 인간에게 유익한 기술임과 동시에 자칫 잘못하면 생태계에 위협을 가져오는 큰 재앙과 불행을 초래할 수 있다.

그러므로 '새로운 기술이 개발되었으니 무작정 활용한다'라는 안이한 사고방식은 이미 통용되지 않게 되었기 때문에 유전자·바이오 분야에 관련된 기업, 또는 의사나 연구자, 기술자들은 신중한 선택을 해야 하는 어려운 국면에 처했다고 할 수 있다.

닛케이산업소비연구소(日經産業消費研究所) 그룹은 다음에 나오는 네 가지 시점을 바탕으로 유전자·바이오 기술을 산업계, 혹은 사회에 응용하는 것을 연구하기에 이르렀다. 이 책은 그 결과를 정리한 것이다.

첫 번째 시점은, 기술개발의 동향을 파악하는 것이다. 유전자·바이오와 관련된 신기술은 국내외에서 매일같이 발표되고 있지만, 그 중에서 차세대 산업에 영향을 끼칠 기술에 대한 현 상황을 연구 분석하고 있다.

인간의 DNA(deoxyribonucleic acid)를 분석하는 것에서부터 유전자 변형 식물의 탄생, 최근 화제가 되고 있는 DNA칩 등, 그 내용은 이루 말할 수 없을 정도로 다양하다.

두 번째 시점은, 일본 국내 방향의 설정이다. 일본 국내의 바이오 연구는 해외에 비해서 10년 정도 늦었다고 하는 견해가 지배적이다.

컴퓨터 산업을 예를 들면, 10년이라는 세월은 도저히 따라갈 수 없는 대단한 차이이지만, 다행히 유전자·바이오 분야는 산업계의 응용이 아직 시작 단계이므로 그에 대한 대책의 여지가 충분히 남아 있다고 볼 수 있다. 그렇다고 전망이 밝은 것만은 아니다.

본 연구소가 개최한 유전자 연구 전문가에 의한 토론회 등을 통하여 한 가지 분명하게 된 것은 '일부분이라도 좋으니 독창적인 기술을 일본 국내에서 장악한다' 하는 것이었다.

세 번째 시점은, 사회적·윤리적인 문제이다. 유전자·바이오 기술은 사회적·윤리적 문제를 해결하지 않는 한 쉽사리 산업계에 응용될 수 없다. 기술을 남용하여 일반인들로부터 냉대를 받는다면, 본래 인간에게 도움이 되어야 할 기술의 실용화가 지연되고 말 것이다. 반대로, 이슈를 불러 일으키는 것을 두려워하는 것만으로도 기술의 실용화는 실현되기 어려울 뿐만 아니라, 기업이나 일반인들에게 있어서도 바람직하지 못할 것이다.

　이처럼 유전자·바이오 기술은 사회적·윤리적 문제로부터 피할 수 없는 중요한 문제로써 지금 그에 대한 대책을 많은 토론을 통해 해결해 나가지 않으면 안 되는 상황에 처해 있다.

　그리고 네 번째 시점으로 위에서 거론한 세 가지 시점과 공통으로 관철되는 기본 자세, 즉 '미래의 입장에 서서 현재를 뒤돌아본다'는 것이다. 여기서는 유전자 산업을 지탱하는 요소 기술은 물론 학계나 업계뿐만 아니라 전자나 정보통신 분야에도 뒤떨어지지 않는 산업계 전반에 걸친 기술 응용과 그에 대한 영향이 예상된다.

　이번 연구회에서는 나름대로 이러한 문제를 심층 분

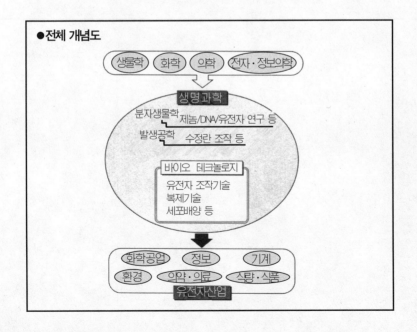

석하기 위해 예상되는 아이디어 몇 가지를 소개하는 데
에 그치고 있지만, 연구회의 앞으로 활동은 유전자에
대한 구체적인 산업적응의 상황을 예측하고, 발전가능
성을 탐색하는 것이 과제로 남는다고 생각하고 있다.

닛케이산업소비자연구소는 이들 네 가지 시점을 통하
여 유전자·바이오 기술을 고찰함으로써 '유전자시대'
로 불리는 21세기의 산업과 사회를 읽을 수 있는 중요
한 포인트가 될 것이라고 생각하고 있다.

1.유전자·바이오 기술이 산업과 사회를 바꾼다

1.유전자·바이오 기술이 산업과 사회를 바꾼다

1.유전자·바이오 기술이 산업과 사회를 바꾼다

1.유전자·바이오 기술이 산업과 사회를 바꾼다

1.유전자·바이오 기술이 산업과 사회를 바꾼다

복제기술, 동물공장, 이종이식,
휴먼제놈계획, DNA, 유전자변형 식물,
환경내성 식물, 실험실

인간이나 식물, 미생물 등의 유전자를 이용한 새로운 산업이 21세기 초두에 각광받을 것이라고 생각하고 있다. 복제 양 '돌리'의 기술은 동물의 몸을 사용하여 의약품을 생산하는 동물공장, 또는 이식을 하기 위한 장기생산 등의 길을 열어 준다. 급격히 발전을 보이기 시작한 휴먼제놈계획(인간 유전체)은 개인별로 약의 양이나 종류를 선택할 수 있는 '커스텀 메이드'의 료 분야의 실현을 가능케 하고, 유전자조작 분야에서는 식량난이나 환경문제를 해결하기 위한 비책이 될만한 기술이 등장하리라 생각한다. 바이오 연구 현장도 마이크로 실험실이라 불리는 실험실 칩(lah on a chip)의 등장에 의해 크게 바뀔 전망이다.

1. 복제기술이 개척하는 미래 산업

　현재 세계에서 가장 유명한 양은 영국 로즐린 연구소에서 탄생한 복제 양 '돌리'일 것이다. 1997년 2월에 돌리가 탄생한 이래 세계각국의 연구자나 매스컴 관계자들이 돌리를 보려 영국의 로즐린 연구소로 몰려들었다. 현지에 도착한 연구자들이 한결같이 '돌리는 이미 카메라에 익숙해져 있었다'고 하며, 씁쓸함을 감추지 못했다.

　영국에 이어 복제기술의 충격은 세계 각국으로 불이 번지듯 확산되어 갔다. 일본국내에서는 잇달아 복제 소가 탄생하기에 이르렀고, 한국에서는 인간 복제 실험이 현실적인 문제로 대두되어 심각함을 더해 가는 등 세계 각국에 커다란 영향을 끼치게 되었다. 유사이래 처음으로 본격적인 복제 생물이 산업계를 포함한 사회전반에 끼친 영향은 이루 말할 수 없이 커다란 충격이라 하지 않을 수 없다.

동물이 공장이 되는 날

　200X년. '의약품 공장을 안내하겠습니다.' 하는 의약품 기업 담당자의 안내에 따라 공장 안으로 따라 들어가 보면, 눈에 들어오는 것은 태연히 여물을 먹고 있는 소들뿐... 도대체 어디가 의약품공장인지 고개를 갸웃거리

고 있을 때, 담당자가 당신을 향해 한 마리의 소를 손가락으로 가리키며 '사실은 이 소가 공장입니다.' 하고 말하며 미소를 지을 것이다.

동물의 유전자변형을 통하여 의약품의 원료를 생산하는 기술이 이미 실용단계에 이른 것이다. 이러한 '동물공장'이라 불리는 기술이 서구 벤처기업을 중심으로 연구개발 경쟁이 활발해질 전망이다. 경쟁이 활발해질수록 동식물의 세포나 미생물을 이용하여 고급 의약품들을 저 비용으로 생산할 수 있는 기술로써 발전할 수 있을 것이라는 기대를 걸고 있다. 이런 상황 속에서 단연 주목을 받는 것이 복제기술이다.

영국의 로즐린 연구소와 함께 '돌리'를 개발한 영국 PPL셀러퓨틱스사의 비즈니스개발 담당자 엘릭 · 뷔티커 부장은 '98년 봄, 일본을 방문했을 때 다음과 같이 말했다.

'동물공장이란, 글자 그대로 동물의 체내를 공장으로 간주하여 의약품을 생산하는 기술이다. 염소나 양의 체내에 단백질의 유전자를 투입하여 젖을 통해 의약품을 분비시킨다. 미생물이나 동식물의 세포를 이용하여 생산하고 있는 고액의 의약품을 안정된 가격으로 공급할 수 있는 획기적인 기술이다.'

해외에서는 동물공장에서 만들어진 의약품의 임상실험이 이미 시작되었다. PPL사가 양의 젖에서 추출해낸 단백질, 즉 종양성 섬유증의 치료약인 'α-1안티트립신'

의 실험을 하고 있는 외에, 미국 젠자임(genzyme)·트
랜스제닉스사가 염소의 젖에서 생산해낸 혈액응고인자
'AT3'의 임상실험이 진행 중에 있으며, 99년 여름에는
이들 실험이 거의 종료될 예정이다. 21세기 초두에는
이러한 의약품이 속속 등장할 것으로 예상된다.

그렇다면 왜 동물공장에 복제기술이 유용한 것일까?
그 이유는 의약품을 생산하는 동물을 만들기 어렵다는
데에 있다. 유용한 물질의 바탕이 되는 유전자를 주입
한 동물은 '트랜스제닉 동물(transgenic animal;유전자
전환 동물)'이라 한다.

유전자 전환 동물을 만들기 위해서는 수정란에 미세
한 바늘로 유전자를 주입하는데, 이 작업은 매우 어려

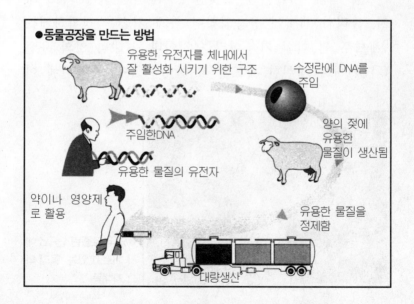

●동물공장을 만드는 방법

유용한 유전자를 체내에서
잘 활성화 시키기 위한 구조

수정란에 DNA를
주입

주입한DNA

양의 젖에
유용한
물질이 생산됨

유용한 물질의 유전자

약이나 영양제
로 활용

유용한 물질을
정제함

대량생산

워 현 단계에서는 성공률이 5~10%에 불과하다.

그러므로 복제 기술을 응용하여 작업을 매우 간단하게 할 수 있다는 것이다. 동물의 체내에 투입된 유전자가 기대한 만큼 복제시킬 수 있음으로써 의약품을 안정적으로 생산할 수가 있는 것이다.

PPL사도 바로 그것을 겨냥한 것이었다. PPL사는 '97년 7월에 혈액응고 제9인자라고 하는 혈우병 치료약의 유전자를 주입시킨 양 '폴리'를 복제 기술로 만들어 냈다. 폴리는 '99년에 젖을 생성할 수 있을 것이라 한다. 그때쯤이면 복제 기술이 과학적인 면에서뿐만 아니라 산업계에도 커다란 영향을 끼칠 것이라는 사실이 새로 인식될 것임에 틀림없다.

그럼 복제 기술이란 무엇인지 자세히 살펴보기로 하자. 돌리의 개발에 응용되었던 복제 기술은 정확하게는 '체세포 핵 이식 기술'이라는 것이다. 체내의 양의 유선(乳腺)에서 채취한 세포의 핵을 다른 양의 수정란에 이

●영국 로즐린 연구소에서 기르고 있는 '돌리'와 그 자매들

식해서 어미 양의 태내에서 키운다. 핵에는 생물의 유전자정보가 들어있으므로 핵을 이식하면 같은 유전자정보를 가진 동물을 복제할 수가 있는 것이다.

종래에는 성장해버린 동물세포의 핵을 다른 동물세포에 이식한다는 것은 생각할 수도 없었다. 왜냐하면 이미 충분히 성장해버린 동물의 세포는 근육이라면 근육세포, 내장이라면 내장세포로 '분화'해 버렸기 때문이다. 일단 분화해 버린 세포는 원래상태로 복원할 수 없다는 생각이 지배적이었던 것이다.

그러나 로즐린 연구소는 유선세포에 영양을 보내지 않는 기아상태에서 세포를 배양하면, 이미 분화해버린 세포를 미분화(未分化)상태로 돌려놓을 수 있다는 것을 발견했다. 이렇게 해서 탄생한 것이 바로 돌리였던 것이다.

장기이식에도 복제 기술이 공헌

또 한가지 복제 기술의 응용분야는 장기이식용 동물을 개발하는 것이다. 인간이 뇌사로 판정을 받은 후, 장기를 이식하는 뇌사이식이 일본에서는 아직 많은 어려움을 가지고 있는 상태이므로 돼지 등의 장기를 이식에 사용하자는 아이디어마저 나오고 있는 실정이다.

돼지의 피부는 인간의 피부와 매우 유사하기 때문에 예로부터 화장품의 실험 등에 많이 사용되어 왔으며, 심장 등 다른 장기의 크기도 인간과 거의 비슷하므로

22

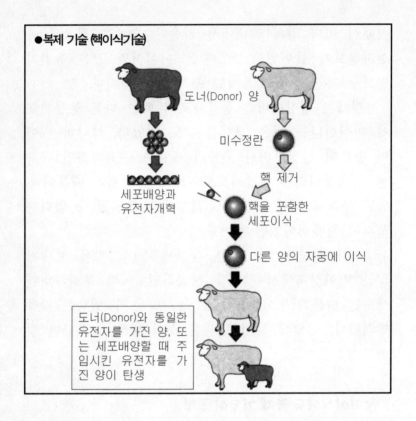

●복제 기술 (핵이식기술)

도너(Donor) 양

미수정란

핵 제거

세포배양과
유전자개혁

핵을 포함한
세포이식

다른 양의 자궁에 이식

도너(Donor)와 동일한 유전자를 가진 양, 또는 세포배양할 때 주입시킨 유전자를 가진 양이 탄생

이식에 적당하다고 생각되어 왔다. 단, 돼지의 장기를 그대로 인간에게 이식할 경우, 제 기능을 다하지 못한다는 것은 누구나 알고 있는 사실이다. 같은 인간끼리의 이식이라 할 지라도 거절반응이 생기는 등의 어려움이 있는데 하물며 돼지와 인간이라는 이질성 동물의 장기이식에 있어서의 거절반응은 매우 당연한 것이다.

그러므로 돼지의 장기를 인간에게 이식하기 위하여

면역거절 반응이 일어나지 않도록 돼지의 유전자를 바꿀 필요가 있다. 동물공장을 만드는 것과 같이 유전자 조작에 의해 돼지를 인간과 거의 같은 유전자를 가진 동물로 만드는 것이다. 그 결과 동물을 효율적으로 복제할 수 있는 복제기술을 응용하려는 움직임이 일고 있는 것이다.

복제 쥐를 탄생시킨 미국 하와이 대학의 야나기마치 다케조 교수 등의 복제기술사용권을 산 미국 프로바이오아메리카사와 영국의 PPL사는 돼지의 체세포 복제를 공동으로 개발하기로 합의했다.

일본 국내에서도 이식용 장기개발을 위한 복제 돼지를 만드는 움직임이 일기 시작했다. 도호쿠(東北)대학 대학원 농학 연구과의 사토 도시아키 교수와 나고야(名古屋)대학 의학부의 연구 그룹은 돼지 태아의 세포를 이용하여 복제를 만들려 하고 있다. 거부반응이 일어나지 않게 하기 위하여 유전자변형 세포를 이용한 복제 돼지의 개발이 목적이다.

단, 이러한 기술개발에 의해 거부반응이 일어나지 않는 유전자를 개량한 동물이 생산된다 할지라도 동물의 장기를 인간에게 이식하는 데에는 아직도 많은 문제점이 남아 있다. 예를 들면, 동물의 체내에는 인간이 감염하면 갖가지 병을 유발할 수 있는 바이러스가 잠재해 있을 가능성이 높기 때문이다. 특히 동물의 체내에서는 아무런 반응을 보이지 않는 바이러스라 할지라도 인간

의 체내에 들어오면 돌연 질병 등의 반응을 일으킬 위
험이 도사리고 있는 것이다.

이 때문에 미국에서는 연구자들이 장기이식의 조기
실현을 염려하는 목소리가 높아지고 있다. 또한, 장기를
추출하기 위해서 동물을 생산한다는 것 자체에 심리적
인 혐오감을 가지는 사람도 속출하고 있다.

일본에서는 육질이 좋은 소 개발에

복제기술은 축산산업을 크게 바꿀 가능성이 있다. 최
고의 육질을 자랑하는 소나 대량으로 우유를 생산하는
소를 개발할 수 있다면, 생산자에게 있어서 더 없는 이
익이 아닐 수 없다. 소비자도 싸고 질 좋은 고기나 유
제품을 손에 넣을 수 있기 때문에 복제기술은 매우 유
용한 기술이 아닐 수 없다. 그리고 일본의 연구기관이
한결같이 목적으로 내세우는 것도 바로 이 같은 분야이
다.

일본의 복제연구는 세계적으로 주목받고 있다. '98년
에는 '복제 소' 탄생의 뉴스가 일본 각지에서 줄을 이
었다. 세포에서 유전정보가 들어있는 핵 부분을 채취해
다른 세포에 이식하는 기술은 매우 어렵다. 정밀성을
요하는 이 기술의 성공에는 일본에 정확하고 세심한 연
구자들이 많다는 특징이 십분 발휘되어 나타난 성과이
다.

우선, 이시가와현(石川縣) 축산종합센터와 긴키(近畿)

대학의 연구팀이 선두에 나섰다. 이 연구팀은 7월에 성장한 소의 체세포를 이용하여 그 성장한 소와 똑같은 유전적인 성질을 가진 복제 소의 출산에 성공을 거두어 각각 '노토'와 '카가'라는 이름을 붙였다. 그 후에도 계속해서 농림수산성 축산시험장, 카고시마현(鹿兒島縣)육용 소 개량연구소, 오이타현(大分縣) 축산시험장 등에서 복제 소가 탄생했다. 이런 '출산 러쉬'는 일본 국내의 수준 높은 축산 바이오 연구가 세계적으로 각광받는 좋은 기회가 되었다.

축산이나 식품업계에서는 일본의 기업들의 기술수준이 세계적인 기업에 뒤지지 않는다. 즉, 유제품을 생산하는 대기업으로서는 처음으로 복제 소의 출산에 성공했던 것이다. 또한 유선뿐만 아니라 성장한 소의 귀에서 세포를 채취하여 이용하기도 했다. 이외에도 농림성이 주도하여 관민공동으로 복제기술의 확립, 또는 응용을 위한 연구 프로젝트가 진행 중에 있다.

단, 일본에서 복제기술을 산업 분야에 응용하기 위해서는 해결해야 할 커다란 난관이 기다리고 있다. 특허 문제가 바로 그것이다. 핵 이식에 사용되는 세포는 분화하기 전의 상태에 '초기화'해서 사용하지만 세포를 기아 상태로 해서 초기화를 하는 방법은 이미 로즐린 연구소에서 특허권을 가지고 있기 때문이다. 다른 방법으로 '초기화'할 수 없는 한, 비싼 비용을 들여 해외의 기술에 의존하든지 혹은 실용화를 단념하든지 둘 중 하나를 택해야 한다. 이 때문에 농림성이 주도하는 복제 프로젝트에서는 해외 특허에 저촉되지 않는 기술개발을 가장 시급한 목표로 내걸고 있다.

소비자가 복제기술을 응용하여 만든 식품을 어떻게 생각하고 있는지에 대한 것도 앞으로 주목해야 할 점이다. 농작물 분야에서는 유전자변형을 이용해 만들어진 콩이나 유채가 일본에도 수입되고는 있지만, 그것이 소비자들에게 완전히 받아들여졌다고는 할 수 없다. 유전자변형 기술과 복제 기술은 서로 다른 기술이기는 하나, '하이테크 바이오 기술'이라는 점에서는 공통점을 가지고 있다. 복제기술을 원활하게 산업에 응용하기 위해서는 소비자에게 안전성을 이해시키는 것이 급선무가될 것이다.

현재, 응용면에서 크게 부각되어 있는 복제연구지만, 아직 기술이 완전히 확립된 단계는 아니다. 일본내에서 탄생한 복제 소는 그후, 대부분의 소가 단명하거나 도중에 죽고 말았으며, 그 원인이 어디 있는지 아직 파악 못하고 있는 것이 현 실정이다. 이에 복제 전문 연구자들은 한결같이 많은 기초연구가 필요하다는 것을 절실히 느끼고 있다.

원래 복제로 만들어진 동물은 몇 살인가? 이러한 의문의 목소리도 높아지고 있다. 보통 동물은 어미의 태내에서 태어났을 때, 0세로 정의되어 있는 것이 보편적이다. 복제동물도 그렇다. 그러나 수정란에 이식된 핵은 성장한 동물의 세포에서 채취한 것이므로 초기화의 과정을 거쳤다고는 하지만 성장한 동물의 핵도 통상출산과 똑같은 탄생처럼 0세로 정의해도 좋은 것인지가 의문이다. 핵을 채취한 원래 어미의 연령에서 출발하여 나이를 계산해야 하는 것인지 아니면 다른 방법이 있는 것인지 아직 적절한 대안이 없다.

이런 예를 한 가지 보더라도 복제기술에는 아직 풀지 못하는 많은 수수께끼가 남아있다.

복제인간 등장?

미국의 한 연구자가 '복제 어린이를 만든다'는 선언으로 파문을 일으킨 적이 있다. 이 연구자는 수요가 있기 때문에 만든다는 논리였다. 메스컴이나 산업계로부터 많은 비판을 받고 나서도 그는 자신과 자신의 아내가 실험대상이 되겠다는 등의 발언을 반복하고 있다.

한편, 한국에서는 경희대학이 인간의 세포를 이용한 복제실험을 실제로 수행하였다. 경희대학의 실험에서는 여성의 미수정란의 핵을 체세포의 핵과 바꿔서 배양한 다음, 자궁에 이식할 직전까지 분열시켰다고 한다. 이 연구는 이식용 장기개발을 위한 기초연구가 목적이었다고는 하지만, 복제인간을 만드는 것과 직접적으로 연관되는 실험이었기 때문에 한국에서 대논란을 불러 일으켰다. 이러한 움직임을 볼 때, 장래에 복제인간이 등장한다 하더라도 이상할 것은 없다.

 복제인간 만들기에 대한 미국정부의 반응은 매우 예민하고 빨랐다. 클린턴 미국 대통령은 복제인간을 만드는 것에 연관되는 모든 연구기관에 정부 지원금을 중단한다고 선언했다. 영국, 프랑스도 법률로서 복제인간 연구를 금지시켰다.

 일본에서도 찬반의 의견이 분분한 가운데 많은 의견이 거론되고 있다. 복제 연구의 규제에 대해 검토해온 학술심의위원회(일본 문부성장관의 자문기관)는 인간세포에 응용하는 복제기술을 전면 금지시켰다. 과학기술회의(일본 수상의 자문기관)도 이 연구를 금지시킬 방안을 모색하고 있는 중이었는데 근래 최종적으로 금지시키는 방안으로 방향이 결정되었다는 보고가 있었다.

 이렇듯 여러 가지 의견을 통해 보더라도 복제기술을 인간에게 적용시킨다는 것에 대해 규제가 필요하다는 것은 모두에게 당연지사로 받아들여졌다. 그러나 법률로서 규제할 것이지, 아니면, 가이드라인으로 연구자의 양심을 믿을 것인지에 대해서는 아직 의견이 분분하다. 가이드라인일 경우, 이를 위반하는 연구자를 적발하더라도 연구비지급을 중지시킨다든지 학회에서 제명시킨다든지 하는 것 외에는 특별한 처벌방법이 없다. 이는 실질적인 규제가 될 수 없다는 게 여론이다. 한편, 법률로 정해 놓게 되면, 기술발전에 유연하게 대처할 수 없다는 연구자들의 의견도 있다.

 일본 총리부는 '98년 11월, '복제기술의 인간 적용 여부'라는 대대적인 앙케이트 조사를 바탕으로 그 결과를 정리했다. 학자, 의사, 행정관, 매스컴 관계자 등 총 2천 7백 명을 대상으로 실시한 이 조사(유효 응답률 78.2%)에서는 클론기술을 인간에게 적용시켜도 좋은가라는 질문에 93.5%가 '바람직하지 못하다'고 대답했다. 규제방법에 대해서는 71.2%가 '법률로써 규제'를 해야 한다고 대답했다. 일본정부는 조사결과를 과학기술 회의에서 반영시켜 나갈 방침이다.

그러나 규제를 만든다 하더라도 복제 인간을 만드는 것을 완전히 방지할 수는 없다고 생각하는 사람들이 대부분이다. 절대 피할 수 없는 규제를 만든다는 것은 현실상 거의 불가능에 가깝다. 기술이 존재하는 이상, 그것을 사용하고 싶어하는 사람이 반드시 있을 것이다.

즉, 규제를 피해 연구를 하는 과학자가 전혀 없으리라는 보장이 없는 것이다. 때문에 복제기술로써 아이가 탄생할 가능성은 이미 부정할 수 없게 되었다.

일본 학술심의회의 복제 문제 검토위원회의 오카다 요시오위원장(천리라이프사이언스 진흥재단 이사장)은 이렇게 말하고 있다. '복제 기술로써 아기가 태어났을 때, 우선 그 어린이의 장래를 생각하지 않으면 안된다' 이것은 법률을 위반하고 복제기술을 이용하여 인간을 만들었을 때, 의료기관은 물론 양친을 법으로 처벌하는 것은 적당한 처사인가 하는 문제점을 시사하는 발언이었다. 이후, 전문가뿐만 아니라 일반인들도 이 문제를 그 중에서 한가지 잊어서는 안 되는 것이 있다. 복제 기술을 이용해서 아주 똑같은 유전자를 가진 인간을 만들었다고 하더라도 두 사람이 똑같은 인격을 갖는다고는 볼 수가 없다는 것이다. 즉, '히틀러의 복제가 생긴다면 위험하다'라고 하는 단순한 사고는 과학이 아닌 것이다. 그 이유는 같은 유전정보를 가지고 있다 할 지라도 어떤 유전자가 어떻게 움직일 것인지는 사람에 따라서 다르기 때문이다. 일란성 쌍둥이는 같은 유전정보를 가지고 있음에도 불구하고 얼굴은 물론 성격까지도 아주 똑같다고는 할 수가 없다.

복제기술에 의해서 외모가 똑같은 인간을 복제할 수는 있을지 모르나 속마음까지 똑같이 만드는 것은 역시 '신의 영역'인 셈이다.

2. 건강은 인간제놈 계획에서부터 시작된다

'제놈(genome：유전체)은 유전자 정보의 보고(寶庫)다.' 이런 표현이 해외를 중심으로 인식되기 시작했다. 그 중에서도 인간의 제놈(유전체), 즉 인간 유전체의 정보는 차세대 의약품이나 치료법 개발에 있어서 없어서는 안 되는 정보다. 인간의 체내에서 일어나는 여러 가지 반응은 유전자에 의해 제어되고 있다. 인간제놈의 정보가 해독됨에 따라 유전자 차원에서 체내의 반응을 해명할 수 있다면 지금까지 치료법이 없었던 병을 치료할 수 있게 되며, 또한 병의 발병하는 것을 미연에 방지할 수가 있다. 인간제놈 계획은 아직 기초적인 분야라는 이미지가 강하여 기업이나 일반인들에게 직접 관계가 없다고 생각될지 모르지만 사실은 인간제놈 계획이야말로 미래 인간의 건강과 의료산업의 열쇠를 쥐고 있다.

단번에 효과가 있는 약, 또는 질병의 예방이 실현스로

우리의 몸은 음식물을 소화하고 흡수해서 움직이기 위한 에너지를 만들어낸다. 병균이 우리 몸 속으로 들어오면 그것을 격퇴시키기 위해 면역세포를 활발하게 움직이게 하고, 피부에 상처가 나면 그것을 원래대로 아물게 한다. 이렇듯 인간을 비롯한 모든 생물들의 체내에서는 밤낮으로 무수한 반응이 일어나고 있다. 이러한 모든 반응 하나하나가 유전자에 의해서 제어되고 있는 것이다. 대대로 이어지는 유전자가 단백질이라는 물질을 만들어 우리 체내에서 일어나는 갖가지 반응을 지배하고 있는 것이다.

인간제놈 연구에서는 인간의 체내에서 어떤 유전자가 어떤 상태로 움직이고 있는지를 자세히 밝혀내는 것이 최종 목표이다. 예를 들면 질병의 유전자. 즉, 암, 고혈압, 동맥경화, 당뇨병 등의 질병은 체내에 관련 유전자의 상태가 정상적이지 못했을 때 발병한다. 어떤 유전자가 정상적으로 움직이고 있는지 않는지를 알아낼 수 있다면 치료법도 바뀌게 될 것이며, 의약품의 개발방법에도 변화를 가져올 것이다.

그렇다면 구체적으로 의료·건강은 어떻게 변할 것인지 살펴보자. 첫번째 포인트는 단번에 환자의 질병을 치료할 수 있는 의약품이나 치료법의 개발이다. 유전자 수준에서 질병의 발병원인을 밝힐 수 있다면, 약을 투여했을 때 효과의 여부를 상세히 규명할 수 있으므로, 부작용도 방지할 수가 있다. 같은 약이라 할 지라도 환자에 따라서 효과가 있는 사람과 없는 사람, 또는 부작용이 있는 사람과 없는 사람이 있기 때문에 유전자 수준에서의 연구를 바탕으로 환자마다 제각기 다른 유전자를 지니고 있다는 점을 고려하여 그에 맞는 약을 투여한다면 정확한 치료가 가능할 것이다.

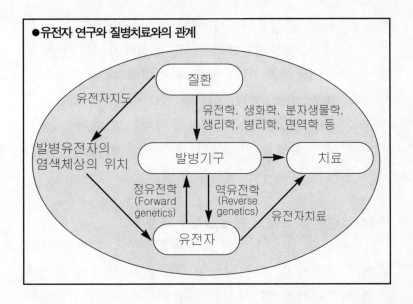

●유전자 연구와 질병치료와의 관계

여러 가지 약을 투여해 보아도 그다지 효과를 볼 수 없었던 환자도 위와 같은 방법의 치료를 받는다면 더 이상의 비극을 미연에 방지할 수 있을 것이라 생각한다. 이렇게 된다면 환자는 육체적, 혹은 경제적이나 정신적인 고통에서 벗어날 수 있음은 물론 의료업체에 있어서도 커다란 장점이 아닐 수가 없다. 유전자 그 자체를 환자의 체내에 주입하는 치료, 즉 유전자 치료법이라는 것이 이미 일부 실용화 단계에 들어서 있다.

두 번째 포인트는 질병의 발병을 미연에 방지하는 것. 질병에 약한 체질인지 강한 체질인지의 여부를 유전자 연구에 의해 예측할 수 있다. 어떤 병에 약한지를 미리 알아낼 수 있다면, 그에 대한 대책을 세우기가 한결 쉬워진다. 또한 건강진단에서 어떤 검사를 중점적으로 할 것인지, 혹은 일상생활에서 특히 조심해야 할 사항 등을 명확히 알 수가 있기 때문에 질병에 대한 구체적인 대책을 세울 수가 있다. 이러한 추진이 속속 실현되고 있는 가운데 앞으로는 '질병예방'이라는 컨셉의 의약품이 개발되어 등장할 가능성이 높기 때문에 의료관련 업계에 있어서도 커다란 낭보가 아닐 수 없다.

2003년까지 유전자 정보해독을 목표로

미국정부는 1998년, 인간제놈계획을 2년 앞당긴 2003년까지 완료시킬 것이라는 발표를 했다. 미국의 인간제놈계획의 리더의 한 사람인 국립위생연구소(NIH) 산하의 국립 인간유전체 연구소(National Human Genome Research Instute)의 프란시스·콜린즈 소장은 '새로운 목표는 지극히 야심적이라 할 수 있으나, 지금까지의 휴먼제놈계획 역시 안이하게 목표를 설정해 온 것은 아니다'라는 코멘트를 발표함으로써 미국정부의 선언에 의해 1990년부터 시작해왔던 원대한 프로젝트의 종착점이 확실하게 눈앞에 다가왔다.

일본의 산토리주식회사의 전무, 야마노우치(山內)제약회사의 부사장을 역임했던 제놈연구의 전문가 노구치 테루히사(野口照久)씨도 인간제놈해독이 종료되는 것은 2002년경이 될 것이라고 단언하고 있다. 인간제놈 프로젝트가 개시되었던 당초에는 아득히 멀기만 했던 목표

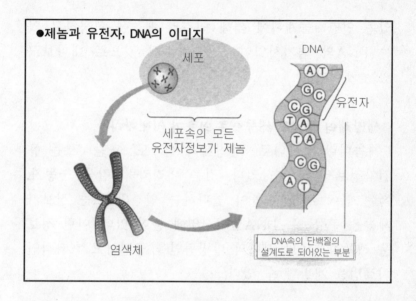

●제놈과 유전자, DNA의 이미지

세포

DNA

세포속의 모든
유전자정보가 제놈

유전자

염색체

DNA속의 단백질의
설계도로 되어있는 부분

가 지금은 확실히 눈앞에 보이기 시작한 것이다.

생물의 유전자 정보는 어떠한 방법을 통해서 자손에게 전달되는 것일까 하는 단순하면서도 지금까지 그 누구도 풀 수 없었던 수수께끼를 1953년에 두 명의 젊은 과학자 제임스·왓슨과 프란시스·크릭이 처음으로 해명했다. 영국의 켐브리지 대학에 재학중이던 이들이 DNA가 유전자정보를 전달하는 물질이라는 사실을 처음으로 발견했던 것이다. 두 가닥의 나선형 생체고분자 구조의 DNA는 서로 교차하고 복제 분리하는 과정을 끊임없이 되풀이 하며 자손 대대로 유전자 정보를 전달한다. 이것이 유명한 '왓슨·크릭의 이중 나선 모델'이다.

그로부터 50년 후인 2003년, 세계각국에서 추진하고 있는 인간제놈계획에 의해 인간의 제놈을 형성하고 있는 DNA의 염기서열이 모두 해독될 것으로 내다보고 있는 것이다

생명체의 설계도 해독으로 의료가 일변한다

제놈이란 한마디로 '생명체의 설계도', 또는 '모든 유전자정보'라 할 수 있다. 검은 머리카락, 갈색 눈동자, 혹은 암에 걸릴 확률이 높다하는 인간의 모든 정보가 제놈을 구성하는 DNA염기서열에 들어 있다. 이런 정보를 해독함으로써 질병의 발병원인을 규명하고 효과적인 치료법을 개발할 수 있다.

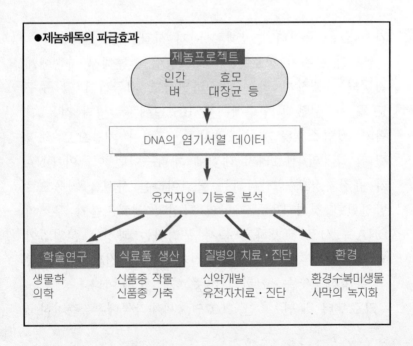

●제놈해독의 파급효과

제놈프로젝트
인간   효모
벼   대장균 등

DNA의 염기서열 데이터

유전자의 기능을 분석

학술연구	식료품 생산	질병의 치료·진단	환경
생물학 의학	신품종 작물 신품종 가축	신약개발 유전자치료·진단	환경수복미생물 사막의 녹지화

●모든 제놈서열이 발표 · 공개된 생물		
생물종류 제놈	제놈사이즈	유전자총수
Mycoplasma genitallum 세포기생 병원균	580Kb	417
Mycoplasma pneumoniae 폐렴균	816Kb	677
Haomophllus influenzae 호흡기병원균(인플렌자)	1.83Mb	1750
Methanococcus jannaschil 내열성 산업 미생물	1.8Mb	1708
Synococystis sp. PCC6803 란질류	3.75Mb	3168
Bacillus subtills 고초균	4.19Mb	약4000
Escherichia coll 대장균	4.64Mb	약4500
Saccharomyces cerevisiae 배아 효모	13.39Mb	약6000
Caenothabditis elegans 선충	100Mb	약1500
Kb:1,000문자(염기대)Mb:1,000,000문자(염기대)		

어떤 종류의 정보를 가지고 있는 사람이 어떤 질병에 걸리기 쉬운지를 예측할 수가 있는 것이다. 지금까지는 질병에 걸리면 그에 대한 치료를 한다라는 것이 일반적이었지만, 질병을 미연에 방지하거나 지연시키는 처치를 할 수만 있다면 환자에게 있어서 경제적으로나 육체적, 혹은 정신적인 부담을 경감시킬 수 있다. 환자의 생명체 설계도를 자세히 파악해 둔다면, 의사도 치료가 한결 수월하게 된다. 더욱이 의약품을 개발하는 기업은 이러한 환자의 정보를 바탕으로 보다 효과적인 의약품을 보다 저렴한 비용으로 개발할 수 있을 것이다.

인간제놈의 염기체는 A(adenine), G(guanine),

C(cytosine), T(thymine)의 네 개의 문자로 구성되어 있다. 몇몇 염기가 서로 연결되어 하나의 유전자를 구성하고, 그것이 인체를 구성하는 단백질의 설계도를 이루고 있다.

제놈계획에서는 인간의 DNA를 세밀하게 조사해서 어떤 순서로 염기체(문자)가 구성되어 있는지를 정리해서, 인간의 생명체 구조를 연구하기 위한 설계도를 만드는 작업을 하는 것이다.

인체의 기본적인 구조나 질병을 일으키는 원인 등을 파악하는 데 있어서도 '제놈의 설계도'가 있는 것과 없는 것에는 큰 차이가 있다. 식물이나 미생물에서도 이것은 똑같은 원리이다.

인간제놈의 연구결과, 질병의 원인이 되는 유전자가 속속 발견되어 차세대의 의약품 개발로 이어지고 있다. 또한 인간제놈 계획은 생명의 구조를 해명하는 학문적인 가치가 있을 뿐 아니라 유전자 정보는 거대한 이익을 생성하는 황금시장이 될 전망이다.

미국에서는 관민을 불문하고 제놈계획을 추진

미국 캘리포니아주 샌프란시스코에서 약 한 시간, 풍력발전소의 풍차가 즐비하게 늘어서 있는 구릉지를 지나면 로렌스 리버모어 국립연구소가 나온다. 미국 에너지국(DOE) 산하의 국립연구소로서 인간제놈해독 계획의 거점의 하나이다.

광대한 면적에 수많은 연구동 건물들이 즐비하게 들어서 있는 모습은 마치 연구 단지를 방불케 한다. 여기는 원래 군사 연구를 하던 곳으로 외부인을 엄격히 통제하고 있는 건물 안에는 대형 컴퓨터가 설치되어 방대한 양의 DNA 해독장치가 밤낮으로 AGCT의 문자를 해독하고 있다.

일본과 미국, 그리고 유럽 선진각국이 추진하고 있는 인간제놈 계획은 현시점에서 A, G, C, T의 서열 중 전체의 약 4%정도를 해독해 냈다. 아직 시작 단계이기는 하지만, 비약적인 기술발전과 기계의 자동화에 따라 해독의 속도가 점차 빨라질 것이다. 그 결과 2003년이라는 새로운 목표 달성에 한 발 다가서게 되었다.

미국에서는 DOE와 NIH가 연구전략을 주도하고 있다. 그리고 NIH 안에 있는 인간제놈연구소(NHGRI), NIH로부터 연구자금을 지원받고 있는 스탠포드대학, 캘리포니아대학, 유타대학 등이 해독작업을 추진 중에 있다. 물론 DOE 산하의 국립연구소도 참가하고 있다. 뿐만 아니라 민간 유전자연구기관인 TIGR(The Institute for genome Research)도 이 작업의 유력한 기관이다. 관민 일체가 되어 해독작업을 추진해 나가는 데 있어서 맨파워와 하드웨어를 집결시킨 것이 미국이 가지고 있는 인간제놈연구의 강점의 비밀이라 할 수 있다.

한편, 일본에서는 '91년, 문부성이 '인간제놈해독연구'라는 프로젝트를 출발시켜 제놈해독 연구를 본격적으로 추진하기 시작해 동경대학 의과학연구소 인간제놈 해독 센터가 중심거점으로 설치되었다.

또한, 과학기술처는 화학연구소를 중심으로 제놈연구를 시작하고, 농림성은 '92년에 벼제놈 계획을 추진하기에 이르렀다. '97년에 과학기술처, 통산성, 농림성, 후생성, 문부성과 치바현(千葉縣)이 출자한 재단법인 가즈사 DNA연구소 등이 가세하여, 드디어 인간제놈 해독 연구 태세가 갖추어졌다. 그러나 국가예산 규모로 보면 일본의 연구 규모는 미국의 10분의 1에 지나지 않으므로 아직 충분하다고 볼 수가 없다.

기업도 제놈연구에 주력

현재 미국에서는 '황금시장을 석권하라'는 움직임이 일고 있다. 황금시장이란 물론 제놈 정보를 말한다. 생명체의 설계도를 바탕으로 누가 먼저 유용한 유전자를 찾아내어 의약품이나 인간에게 도움이 될 만한 제품을 만들 수 있을까 하는 움직임이다. 과거의 골드러쉬와 같은 뜨거운 열기로 치열한 개발경쟁의 막이 오른 것이다.

제놈정보를 분석해서 그 결과를 의약품 개발에 이용하는 움직임은 이미 '90년대 전반에 시작되었다. 스미스 클라인·비참, 호프만·라·로슈, 일라이·릴리사 등 미국의 유수 대기업이 앞을 다투어 독자적으로 DNA해독 체계를 갖추고 벤처기업들과 제휴를 맺는 움직임을 보여 왔다.

유력한 벤처기업의 하나로는 하버드대학 교수진이 설립한 휴먼·제놈·사이엔시스사(HGS, 미국 멜린랜드주)가 있다. 이 회사는 유전자 해독정보를 바탕으로 치료약의 개발을 추진 중이며, 또한 상보적 DNA(cDNA)라는 물질을 만들어 이것을 해독해 유전자 염기서열을 결정하는 방법을 확립시켰다.

'98년 3월에 HGS사의 윌리엄·헤젤타인(CEO, 기업의 최고 경영책임자)는 '이미 임상실험에 들어간 약도 있다. 우리는 앞으로도 계속해서 새로운 신약을 개발하여 선보이게 될 것이다'라고 자신있게 말했다. 그의 말대로, 그 해 말 현재 암화학 요법의 부작용에서 세포를 보호하는 케라티노사이트 성장인자 등 두 종류의 신약이 임상실험의 제2단계에 돌입했다. 이는 모두 HGS사가 발견한 유전자가 만든 단백질이 그대로 신약으로 이용된 경우이다.

'98년 12월에는 HGS사가 발견한 혈관성장인자(VDGF)의 유전자를 사용하여 팔이나 다리의 말초혈관 장애자에 대한 유전자 치료의 임상실험을 유전자 의약품 제조업체인 벤처기업과 공동으로 실시한다는 발표를 했다. 이것은 제놈연구가 바로 신약개발로 이어진다는 것을 보여준 전형적인 케이스라고 할 수 있다.

HGS사 이외에도 제놈연구를 하는 몇몇 벤처기업이 존재하고 있다. 이 중에는 유전자 해독정보를 데이터베이스화해서 정보를 상품화하는 인사이트·파마슈티컬스사(캘리포니아주), 연구개발과 동시에 유암의 유전자 테스트를 시도하는 밀옛드·제네틱스사(유타주) 등이 선두를 달리고 있다. '98년에는 미국 제놈연구의 시조격인 그레그·벤터 박사도 유전자 해독장치 개발로 세계를 리드하는 퍼컨·엘머사와 공동으로 유전자 해독기업을 설립해 커다란 화제를 불러일으켰다.

일본 기업의 뒤늦은 출발

선진외국의 제약회사들이 1990년대 초에 이미 DNA연구를 강화하고 있었으나 일본기업의 관심은 매우 낮았다. 이에 대해 DNA연구는 직접적으로 의료개발에 연관성이 없다는 등의 몇몇 오판이 원인이었으나 뒤늦게 출발한 것에는 변함이 없다.

1994년, 그나마 빠른 시기에 제놈해독연구에 착수한 기업은 오츠카(大塚)제약 그룹이었다. 도쿠시마시(德島市)에 설립된 '오츠카GEN연구소'는 제놈에서 DNA를 추출해 데이터 베이스화하고 있다. 당뇨병, 고혈압 등 시장이 거대한 질병에 관한 유전자를 발견할 수 있다면 치료약의 개발에 선두에 설 수 있는 공산이 크다. 이 회사는 '외국의 해독정보를 사 오는 방법도 있기는 하나, 일본의 독자적인 연구체계를 갖추는 것이 유리하다'는 생각을 가지고 있다.

그 외, 대기업으로는 다케다(武田)약품공업의 움직임이 빨랐다. 다케다사는 '93년 스미스클라인, HGS 등과

제휴하는 등, 제놈연구에 높은 관심을 가지고 있다. 그러나 그 외의 기업들을 보면 제놈연구가 의약품개발에 직접적으로 영향을 주리라는 확실한 인식을 가지고 움직이는 기업들은 그리 많지 않은 것 같다. 심지어는 제놈연구의 심포지움에 참가했던 모 대기업의 간부는 '인간제놈 연구가 화제를 불러 일으키고 있다는 것은 알고 있지만, 기업에게 그다지 큰 영향을 주리라고는 생각지 않는다. 적어도 지금 곧 신약 개발에 크게 영향을 미치지는 않고 있지 않은가'라는 무관심을 표명하기도 했다.

인간제놈 연구가 지금 곧 신약개발에 큰 영향을 주지 않는 것은 사실이다. 그러나 제놈연구가 조금씩이긴 하지만 신약개발에 도움이 되어 가고 있으며 머지않은 장래에는 거의 모든 신약개발에 없어서는 안 될 연구임에 틀림없다. '단번에 치유될 수 있는 신약'이나 지금까지 고칠 수 없었던 만성질병을 고치는 유전자의 등장을 원치 않는 사람은 단 한 사람도 없을 것이다.

화제를 불러 일으키는 친자감정

약간의 혈액이나 머리털 하나로 개인을 특정지을 수 있는 DNA감정은 범죄수사에 있어서 신병기라 할 수 있다. 이것은 정밀도가 매우 높은 감정방법으로써 일본경찰에서도 채용하고 있다. 이런 DNA감정이 1998년, 일반인들에게도 친숙한 이름으로 다가왔다. 일본 국내의 기업이 앞을 다투어 DNA에 의한 친자감정(   ) 사업에 편승해 화제를 불러일으키고 있기 때문이다. DNA 친자감정이란, 머리카락이나 아주 적은 양의 타액, 또는 얼굴점막의 세포를 채취해 세포속의 DNA를 추출해서 분석한다. PCR이라는 기술을 이용해서 증폭시킨 DNA의 염기서열의 특징을 조사한다. 조사한 결과를 바탕으로 두 명의 분석결과를 대조해 친자 여부를 가려내는 방법이다. 혈액을 조사하던 종래의 방법에 비해 정밀도가 매우 높기 때문에, 유산상속이나 친자인지 등, 친자를 둘러싼 문제를 해결하는 결정적인 방법으로 인식되어지고 있다.

DNA 친자감정은 수년 전 미국에서 급격히 확산되었다. 현재 미국에는 100개사 이상의 기업들이 이러한 서비스를 하는 것으로 알려져 있다. 최근에는 인터넷에서 'DNA'라는 검색어를 입력시키기만 하면 수많은 관련기업들이 검출된다. 일본에서도 벤처기업인 진테크(동경), 움젠(동경), 그리고 다카라주조 등이 한 건당 20만엔 전후로 검사 서비스를 하고 있다. 다카라주조에 따르면 연간 수주 목표는 600건이라 한다. 검사가격을 비싸다고 봐야 할지 저렴하다고 봐야 할지는 미묘하지만, 친자를 둘러싼 문제란 매우 가름하기 힘들고 까다로운 것이므로 확실한 방법으로 시비를 가리는 것도 좋을 듯하다. 앞으로의 전망도 밝아 수요가 점차 늘어날 것으로 보인다.

3. 유전자연구로 한발 앞선 품질개량기술

유전자 연구는 새로운 식물을 창조해 내고 있다. 구태의연한 품질 개량 기술에서 벗어나 보다 효율적이고 원하는 작물을 만들어 내는 것이 유전자변형 기술을 이용한 개량 방법이다. 시장에는 이미 해충에 강하고 농약에 저항력이 뛰어난 곡물이나 야채, 생화 등의 많은 식물들이 개발되어 출하되고 있으며 가공 식품을 비롯한 많은 식료품이 우리들 식탁에 오르기 시작했다. 더욱 미래로 눈을 돌리면, 유전자변형 식물은 식량난이나 환경 문제를 해결해 주는 결정적인 역할을 할 것으로 보여진다.

또한 사막이나 염해 등 열악한 환경 조건의 토지에서도 농작물을 재배할 수 있는 기술이 개발된다면 경작지에 대한 문제도 해소되리라 내다보고 있다. 더욱이 광합성 능력을 높인다든지 성장 속도를 빠르게 하는 것도 가능할지 모른다.

파란 카네이션의 등장

빨간 카네이션이나 하얀 카네이션이 아닌 파란 카네이션? 산토리가 1997년에 발매한 '문 더스트'는 많은 화제를 불러 일으켰다.

●화제를 모은 산토리의 파
란색 카네이션 '문 더스트'

이 품종은 다른 보통의 카네이션에 비해 가격이 약간
비싸기는 하지만 현재까지도 많은 호텔이나 화원에서
순조롭게 판매되고 있다.

'문 더스트'야말로 일본 기업이 개발하고 실용화시킨
유전자변형 농작물 제1호다. 겉으로 보아서는 도저히 하
이테크 기술이 사용되었다는 흔적을 찾을 수 없지만, 보
라색에 가까운 이 카네이션의 꽃잎이야말로 첨단 기술
의 결정체인 것이다. 이 카네이션은 닛케이(日經) 산업
소비자 연구소가 '97년 12월에 실시한 신품종 3, 4분기
랭킹의 '하이테크' 부문에서 1위의 영광을 차지했다.

원래 카네이션은 파란색의 색소를 합성하는 효소를 가
지고 있지 않기 때문에 유전자변형을 하지 않은 보통의
카네이션이 파랗게 되는 일은 없다. 빨간색이나 하얀색,
또는 핑크색 카네이션끼리 접목시켜도 절대 파란 카네

이션이 나올 수가 없는 것이다. 즉, 종래의 품질 개량 기술로서는 도저히 만들어 낼 수 없는 신품종인 것이다.

산토리는 호주의 벤처 기업인 플로리즌사와 공동으로 파란 꽃을 피우는 페추니어에서 청색색소의 합성 유전 인자를 추출해내, 그것을 카네이션 세포에 도입했다. 이렇게 해서 탄생한 '문 더스트'가 바로 유전자변형 기술의 결정체인 것이다.

산토리는 '98년 가을에 '문 더스트'보다 약간 짙은 보라색 계통의 카네이션을 선보이는 등 이런 종류의 하이테크 상품을 계속 시장에 선보일 계획이다. 또한 자연계에는 존재하지 않는 하얀색의 트래니아나 오래 보존할 수 있는 카네이션 등의 연구도 추진하고 있으며, 현재 재배 시험이 진행 중에 있는 것도 있다.

품종 개량 속도의 대폭 향상

유전자변형 농작물을 개량하는 이유 중 하나는 식물끼리 접목에 의해 새로운 품종을 개발하던 종래의 방법에 비해 압도적으로 개량의 속도가 빠르기 때문이다.

교접에 의한 육종의 경우 성장과 개화, 그리고 결실을 반복하기 때문에 결과가 나오기까지는 수 년이 걸린다. 그에 비해 유전자변형 기술은 좋은 유전자를 발견하는 즉시 그 유전자를 추출해 원하는 식물에 도입시키면 즉시 품종개량이 가능하기 때문이다. 청색 카네이션이나 신선도를 오래 유지할 수 있는 토마토, 또는 영양분이 많은 쌀 등 부가가치가 높은 작물을 종래의 방법보다 손쉽고 수월하게 만들 수 있다.

이렇듯 소비자의 수요에 대응할 수 있는 작물을 효율적으로 만들어 내는 기술은 산업계에 있어서 커다란 의미를 가지고 있다.

최근 유전자변형에 의해 소비가 많은 작물이나 열악한 환경 속에서 자랄 수 있는 작물 등을 만들어 내는 것은 식량난을 해결할 수 있는 결정타가 될 것이라는 의견도 거론되고 있다. 또한 해충에 강한 작물은 농약의 사용량을 감소시키므로 환경보전에 큰 역할을 한다.

'유전자변형 식물 만들기' 과정에 대해 대충 훑어보기로 하자. 우선 첫 번째 작업은 이용가치가 높은 유전자를 발견해 내는 것이다. 해충에 강한 식물의 유전자, 그리고 특정의 영양분을 많이 함유하고 있는 유전자 등 여러 유전자가 이미 알려져 있다.

이처럼 유용한 유전자를 식물 세포에 주입하기 위해서 벡터(유전자 운반체)를 이용한다. 유전자 치료를 할 때, 치료용 유전자를 인간의 세포에 주입하는 것과 같은 요령이다. 그중 식물의 경우에는 아그로박테리움(Agrobacterium)이라는 미생물을 개조해서 만든 벡터를 많이 이용한다.

이외에도 금이나 텅스텐과 같은 미분자에 조작하고자 하는 유전자를 섞어 총으로 쏘아 식물 세포에 주입하는 방법도 있다.

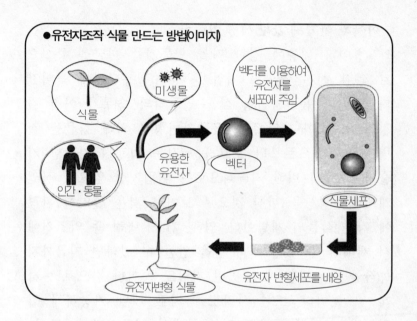

●유전자조작 식물 만드는 방법(이미지)

식물
미생물
인간·동물
유용한 유전자
벡터를 이용하여 유전자를 세포에 주입
벡터
식물세포
유전자변형 식물
유전자 변형세포를 배양

　이 방법은 아그로박테리아에 의한 유전자 전달이 어려운 식물이라도 손쉽게 유전자를 주입할 수 있다는 장점이 있다.

　유전자를 주입한 세포는 배양에 의해 성장하게 된다. 인간의 경우, 현재의 기술로서는 세포를 배양하는 것만으로는 아직 2세를 만드는 일은 불가능하지만 식물의 경우에는 조건을 갖춘 세포를 배양하여 완전한 식물체로 만드는 것이 가능하므로 새로운 품종의 식물로 만들 수 있다. 이렇게 만들어진 식물에 주입한 유전자가 별탈 없이 기능을 발휘하고, 번식능력이 겸비되면 비로소 유전자변형 식물이 탄생하게 되는 것이다.

열악한 환경에 강한 식물 만들기

질병이나 해충에 강한 작물 만들기는 미국을 중심으로 과학 선진 각국의 기업이 이미 실용단계에 들어갔다. 그러나 유전자변형 식물 만들기의 승부가 아직 결정된 것은 아니다. 실은 유전자변형에 의해 작물을 질병이나 해충으로부터 보호하는 것은 비교적 간단한 기술이다. 그에 비해 기술적으로는 어렵지만 앞으로 산업계에 큰 영향을 끼칠 것으로 보이는 것은 열악한 환경에 강한 식물의 개발이다. 염해, 건조, 냉해 등 악조건에서 재배할 수 있는 벼나 밀을 만들 수 있다면 지금까지 농작물을 재배할 수 없었던 지역도 논이나 밭으로 변하게 될 것이다. 또한 사막도 녹지로 개발 가능하게 될 것이다. 이러한 분야는 일본 국내의 연구기관에서도 높은 관심을 보이고 있는 분야다.

'RITE사막 식물 제2호'. 아무런 변화도 없는 담배에 지구환경산업기술 연구기구(RITE)와 나라(奈良)첨단과학 기술대학원 대학은 이러한 이름을 붙였다. 그리고 '한여름 태양광선에 상당하는 빛을 받으며 수분 흡수를 정지시켜도 살아남았다. 사막을 녹지화하기 위한 후보식물의 하나로써 연구를 계속할 것이다'라는 설명을 덧붙였다. 담배는 실험식물이므로 사막을 담배밭으로 바꿀 의도는 없지만 몇 년 뒤에는 'RITE 사막식물 제X호'라는 이름의 식물이 황폐된 사막을 윤택한 대지로 바꿀 수 있을지도 모른다.

그럼 여기서 건조하면 식물이 시들어 버리는 이유를 살펴보자. 주위가 건조한 상태일 때, 식물은 수분이 밖으로 증발해 버리는 것을 방지하기 위해 기공이라 불리는 가스 교환용의 작은 구멍을 닫아 버린다. 그러나 기공을 닫아버리면 광합성 작용을 하는 이산화탄소도 흡수를 하지 못하게 되므로 광합성 작용을 하기 위한 에너지가 남아돌게 된다. 이 에너지가 독성을 띠게 되어 활성산소가 생성되므로 식물의 세포에 부담을 주게 되는 것이다.

그래서 RITE가 생각해낸 것이 활성산소를 제거하는 효소의 유전자를 식물에 주입시키는 것이었다. 종래에도 같은 아이디어로 식물개량을 시도한 적은 있으나 그다지 큰 결과를 얻지는 못했었다.

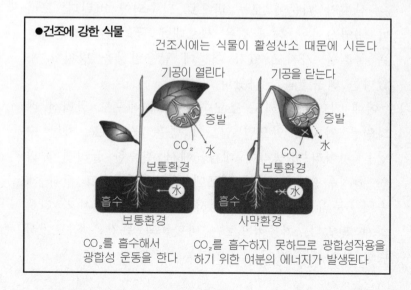

●건조에 강한 식물

건조시에는 식물이 활성산소 때문에 시든다

기공이 열린다　기공을 닫는다

증발　증발

CO_2　水　CO_2　水

보통환경　보통환경

흡수　水　흡수　水

보통환경　사막환경

CO_2를 흡수해서 광합성 운동을 한다　CO_2를 흡수하지 못하므로 광합성작용을 하기 위한 여분의 에너지가 발생된다

RITE에서는 보다 강력한 활성산소 제거능력을 가진 대장균의 효소를 이용함으로써 문제를 해결했다. 염해에 강한 유전자변형 식물의 개발에 있어서도 일본 국내 연구자들의 활동이 눈에 띄고 있다.

그중 우수한 업적을 올린 여성과학자에게 수상하는 사루바시상(猿橋償)을 수상한 나고야대학의 다카도 데츠꼬(高都 鐵子) 조교수도 그중 한 사람이다. 그녀는 글리신 베타인이라는 물질에 주목해 염해에 강한 벼를 개발하는 데 성공했다.

식물에는 원래 염분이 많은 토양에서 자라는 것도 있다. 그러한 식물은 왜 염분에 강한 것일까 하는 의문을 풀 수 있었던 것이 바로 글리신 베타인이라는 물질이다. 세포 외부에 염분이 많으면 세포 내부에 있는 수분은 삼투압 때문에 모두 밖으로 탈수되어 버린다. 그러나 내염성이 강한 물질은 세포내에 글리신 베타인이라는 물질을 가지고 있기 때문에 탈수현상을 방지할 수 있다는 연구결과가 나왔다.

이에 착안한 다카도 조교수는 벼의 세포도 글리신 베타인을 가지고 있으면 염도가 높은 곳에서도 자랄 수 있을 것이라는 생각에 대장균에서 추출한 글리신 베타인 합성유전자를 벼의 세포에 주입시켰다. 그 결과 해수의 3분의 1정도의 염도에서 자랄 수 있는 벼가 탄생하게 되었다. 최종적으로는 바닷물과 똑같은 염도에서 벼를 재배하는 것이 목표이다.

그 밖에도 열악한 환경에서 자라는 식물을 개발하는 연구는 일본에서 활발한 움직임으로 추진되고 있다. 오카자키(岡崎)국립공동 연구기구 기초생물 연구소 (NIBB;National Institute for Basic Bialoge)도 염해에 강한 벼의 개발에 성공을 거두었으며, 기린맥주는 냉해에 강한 식물을 연구중에 있다.

식물에 환경내성을 가지게 하는 연구는 병충해 저항성 식물개발에 비해 매우 어렵다. 건조 등의 스트레스에 걸렸을 때 식물의 체내에는 여러 가지 많은 효소가 작용하여 스트레스에 저항하려 한다.

스트레스 저항기구 중의 하나인 효소의 유전자를 조작하는 것만으로는 원하는 특성을 살릴 수가 없다. 이것은 어떤 유전자를 선택하느냐에 따라 문제가 달라질 수 있기 때문에 복수의 유전자를 조작하는 것이 효과를 거둘 수 있는 경우도 있다. 식물의 스트레스에 저항하는 메커니즘이 유전자 연구 차원에서 아직 확실히 해명되지 않은 부분이 있는 것도 그중 하나의 원인이다.

그러므로 많은 과학자들은 벼제놈 계획으로부터 보다 많은 유전자 정보를 해독할 수 있게 되면 환경내성식물의 개발에 크게 박차를 가할 수 있을 것이라고 내다보고 있다.

4. 화학 실험실이 손바닥만한 크기로

현재, 바이오 기술이나 생명과학 연구를 하고 있는 대학, 또는 기업의 실험실을 들여다보면 실험실 책상 위에는 시약이나 여러 가지 기기들로 널려 있다. 그 장치들에 둘러싸여 피펫(Pipette)을 사용하여 시약을 주입하는 백의의 과학자들...

그러나 이런 풍경은 조만간에 볼 수 없을지도 모른다. '마이크로 실험실'이라 불리는 소규모의 과학, 생물학 실험용 칩이 실용단계에 들어서고 있기 때문이다. 주위 환경에 있는 여러 유해물질을 검출하는 장치도 손바닥만한 사이즈로 축소되어 다이옥신이나 환경호르몬 등을 옥외에서 즉시 검출, 또는 분석할 수 있게 될지도 모른다. 더욱이 가까운 장래에는 의약품을 생산하는 공장의 생산라인 자체가 대폭 축소되어 소형화될 가능성마저 있다.

대중성이 높은 마이크로 · 플잇 · 칩

의약, 식품, 농업분야의 기업이 주목할만한 '마이크로 · 플잇 · 칩'이라 불리는 소형 분석장치의 개발로 인해 미국기업들의 움직임이 활기를 띠고 있다.

DNA의 칩은 유전자연구 · 분석에 유용한 칩이지만,

마이크로·풀잇·칩은 대중성이 짙은 칩이다. '마이크로 실험실'이라 하는 것이 바로 그런 이미지에서 나온 말이다.

시험관이나 플래스크, 또는 반응장치에 상당하는 홈을 에칭기술로 플라스틱이나 유리 기판에 새겨 넣는다. 시험관의 용액을 혼합하거나 분자를 분리시키는 작업이 칩 하나로 간단하게 가능해지는 것이다.

반도체 분야의 LSI(대규모 집적회로)가 회로의 설계를 바꾸기만 하면 여러 작업을 동시에 할 수 있는 것처럼 이 칩도 디자인을 바꾸면 유전자를 증폭시키는 폴리멜라제 연쇄반응장치(PCR), DNA의 염기서열 분석, 효소반응, 항원항체반응의 분석 등 여러 방면의 바이오 연구에 대응할 수 있게 된다.

●라보·칩

◀컬리퍼·테크널러지사 제공

'마이크로 시험관이나 반응장치를 이용하기 때문에 실험시간을 대폭 단축시킬 수 있다. 또한 대량의 동시 분석도 가능하며, 고가의 시약 사용료도 감소시킬 수 있다. 더욱이 칩이 자동적으로 반응작업을 하기 때문에 수작업도 필요 없어진다.'

이상은 마이크로·풀잇·칩의 개발을 리드하는 컬리퍼·테크널러지사(캘리포니아주)의 과학기술 담당 부사장, 마이클·R·크넙씨가 '98년 칩의 장점을 설명한 내용이다.

이 회사가 개발한 '라보·칩'은 가로 2센티, 세로 4센티 정도의 크기로서 기판은 플라스틱이나 유리를 사용하고 있다. 시험관이나 반응장치로 사용하는 미세한 구멍이나 홈은 노광기술이나 에칭기술을 이용하여 만든다. 홈은 15마이크로(1마이크로는 백만분의 1)미터, 깊이는 10마크로 미터이며, 그 위치나 형태는 실험에 맞추어 디자인한다.

예를 들면, 어떤 효소의 움직임을 억제하는 물질의 작용을 찾아내려면 칩 위에 효소나 조작하려는 물질을 올려놓고 미세한 플래스크를 새겨, 그 사이를 홈으로 이어간다. 그리고 해석장치에 칩을 넣고 전극으로 적당한 전압을 가하면 패인 홈 사이로 시약이 이동해서 반응을 나타내게 되고, 그 결과를 레이저로 검출할 수 있는 칩이다.

크넙씨는 칩이 CD와 같은 것이라 표현했다. 그러므로

칩 상의 실험결과를 해석하는 장치가 CD플래이어에 상당하는 것이 된다.

수 센티의 소규모 실험실이 실현

컬리퍼사는 현재 호프만·라·로슈와 공동으로 연구를 추진하고 있으며 '98년 중으로 칩의 판매개시를 할 계획이다. 크넙씨는 처음에는 각 연구기관이 칩을 많이 이용할 것이라고 내다봤다. 또한 가까운 미래에는 일반 의료기관을 겨냥한 칩을 제조, 판매할 예정이다. 그리고 휴렛 팩캐드(HP)사와 협력해서 개발을 추진해 나가기로 결정했다. HP사가 분석장치를, 컬리퍼사가 디자인을 담당할 예정이다. 두 회사는 4년 간 합 8천만 달러를 이 칩을 개발 연구하는 데 투입할 계획이다.

그 밖에 이 마이크로칩을 개발하는 기업으로 손·바이오사이언시스사(캘리포니아주)가 있다. 이 회사의 DNA연구개발 담당인 앨런·폴라씨는 미국 실리콘밸리에 있는 IC 탄생 기념 모뉴멘트 앞에서 자사의 칩을 들

●실험실 칩

◀손·바이오사이엔시스사 제공

고 찍은 사진을 프레젠테이션용으로 사용하고 있다. 폴라씨는 미국 인텔사의 IC가 반도체 업계의 판도를 크게 바꾸었던 것처럼 바이오칩이 의료, 농산업(어글리산업)에 큰 변혁을 일으킬 것이라고 확신하고 있다.

이 칩은 플라스틱제로서 크기는 약 4평방 센티미터이다. 이것은 유전자의 염기서열을 조사하거나 의약품의 재료가 될 만한 물질을 선택하는 데 사용된다.

실험의 내용에 따라 다르지만, 칩이 반응하기까지 필요한 시간은 약 2분 정도밖에 걸리지 않는다. 또한 이 회사가 개발한 칩은 플라스틱 제품을 금형으로 제조하는 것처럼 똑같은 칩을 대량으로 생산할 수 있기 때문에 비교적 저렴한 가격으로 생산할 수 있다는 특징이 있다. 저렴한 가격은 사용자의 입장에서 보면 큰 매력이 아닐 수 없다.

이 밖에도 캘리포니아 대학 버클리교(University of California, berkely)가 염기서열을 고속으로 해독할 수 있는 칩 개발에 성공을 하는 등, 실험실 칩 개발 경쟁에 활발한 움직임을 보이고 있다. 계속해서 칩의 실용화가 가속적으로 진행될 전망이다.

2. 유전자 진료 시대
2. 유전자 진료 시대
2. 유전자 진료 시대
2. 유전자 진료 시대
2. 유전자 진료 시대

키워드

유전자 치료, 벡터, P53, 커스텀 메이드
의료, 제놈약품개발, 생활 습관병, 출산전 진단,
모체 혈청 마커

휴먼 제놈 해독을 비롯한 유전자 연구는 의료의 구조를 크게 바꾸어
놓을 것이다. 지금까지의 불치의 병이 유전자 치료라는 새로운 치료법에 의
해 완치될 가능성이 높아질 것으로 보이기 때문이다. 화학합성물을 주체로
하던 의약품의 제조방법도 유전자 연구를 기반으로 하는 방법으로 대체 될
가능성이 높으며, 그에 따른 약의 사용방법도 크게 변화할 것이다. 그리고
유전자 연구가 가속됨에 따라 우리들이 장래에 병에 걸릴 위험을 미리 판정
하는 검사도 이미 실용단계에 들어서고 있다.

1. 본격적인 유전자 치료가 가동

일본에서는 암 치료를 대상으로 유전자 치료 임상실험이 1998년부터 시작되었다. 그러나 선진과학기술 각 국에서는 이미 2천건 이상의 임상실험이 실시되었으며, 일본의 출발은 미국에 비해 약 10년 정도 뒤늦은 출발이라 할 수 있다. 일본에서 실시된 유전자 치료는 95년에 홋카이도(北海道)대학이 심한 선천성 면역 결핍증의 남자아이를 대상으로 실시한 것이 최초였다. 이에 대해 이번 유전자 치료대상은 환자 수가 압도적으로 많은 신장암이다. 이는 유전자 치료가 널리 보급될 가능성이 높기 때문이다.

동경대에서 시작된 암 치료

일본에서 처음으로 실시되는 유전자 암 치료를 담당하고 있는 동경대학 의과학 연구소 부속 병원은 현재까지의 유전자 치료 실시 경과는 매우 양호하다고 설명하고 있다.

동경대에서 유전자 치료의 임상실험이 시작된 것은 미국에서 최초의 암을 대상으로 한 유전자 치료가 실시되고부터 10여 년 후인 지난 '98년 10월이었다. 이로써 일본도 겨우 출발선에 들어섰다고 볼 수 있다.

이번 임상실험 대상의 환자는 신장암에 걸린 60세의 남성이다. 신장에 발생한 암 세포가 이미 폐로 전이되어 항암제나 방사선 치료가 어렵게 되었기 때문에 유전자 치료를 하게 된 것이다.

이 환자의 신장에서 떼어낸 암세포에 면역력을 높이는 유전자를 주입한 뒤 체내로 돌려놓는다는 계획이다. 유전자가 체내에서 별탈없이 활성화하면 면역력을 높이는 물질을 만들게 되므로 암 세포를 공격할 수 있다. 이로써 항암제나 방사선만으로는 치료가 어려웠던 환자의 연명을 기대할 수 있게 되었다.

이 밖에도 일본 국내에서는 오카야마(岡山)대학, 나고야(名古屋)대학 등의 부속병원에서 유전자 암 치료를 계획하고 있다. 지금까지 상상도 할 수 없었던 유전자 치료가 현실로 다가온 것이다.

질병치료 설계도를 송신

유전자는 체내에서 여러 종류의 단백질을 만들어내는 설계도이다. 유전자 치료는 '치료의 설계도'가 들어있는 유전자를 환자의 몸에 주입시킨 뒤, 체내에서 치료를 실행하도록 하는 치료법이라 할 수 있다.

우선 기본적인 치료의 구조는 치료용의 유전자를 벡터라고 불리는 유전자 운반체에 먼저 도입한다. 왜냐하면 유전자는 체내에 주입해도 그 스스로는 인체 세포에 들어가 작용을 하지 않으므로 벡터에 주입시킨 다음 세포 속으로 투입시키는 것이다.

벡터는 여러 종류가 연구 개발되어 있으나, 인체에 무해한 바이러스를 이용하는 것이 보편적이다. 바이러스는 세포에 잘 감염되는 성질이 있기 때문에 이것을 벡터로 이용한다. 간단히 세포 속으로 침투시킬 수 있다는 장점을 이용한 것이다.

이렇게 벡터로 개조한 바이러스 이외에 속이 비어 있는 아주 미세한 지질분자를 사용하는 경우도 있다. 인체에 투입한 유전자를 세포 속에서 잘 판독할 수가 있으면 질병의 원인을 격퇴하는 물질이나 질병 때문에 부족해져 있는 물질 등이 체내에서 생성된다.

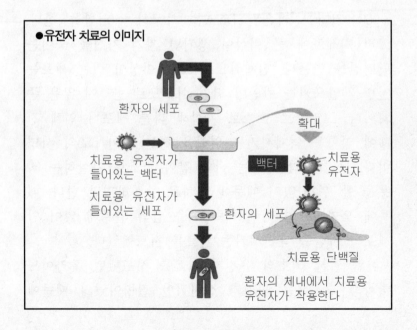

●유전자 치료의 이미지

환자의 세포

치료용 유전자가
들어있는 벡터

치료용 유전자가
들어있는 세포

환자의 세포

확대

벡터

치료용
유전자

치료용 단백질

환자의 체내에서 치료용
유전자가 작용한다

  동경대학 의과학 연구소의 경우 환자의 치료에 사용했던 것은 면역을 활성화시키는 물질의 유전자였다. 운반체로서 선택된 것은 개조 바이러스이며, 이는 암세포 속에서 이 유전자가 작용함으로 인해 면역체가 만들어져 암세포를 공격한다는 구상인 것이다.

  이에 반해 오카야마 대학이 추진하는 치료는 암세포 스스로의 '자살'을 촉진시키는 것을 목적으로 했다. 이때 사용되는 것은 의료나 생물학에 관심을 가지고 있다면 누구나 알 수 있는 p53이라는 유전자이다. '아포토시스(혹은 아폽토시스, Apoptosis)'라고 하는 세포의 자살 현상에 관여하는 유전자로서 1990년대 중반에 가끔 화제를 불러 일으켰었다.

  p53유전자는 파손된 DNA를 복구하는 역할을 한다. 그러나 세포에 큰 이상이 생기면 자기 자신을 죽이는 단백질을 만든다. 전체적으로 보면 이상이 있는 세포는 질병을 일으키는 원인이 되기 쉬우므로 반갑지 않은 존재이다. 그러므로 스스로 자살해 다른 세포나 인체 전체에 영향을 억제시키는 역할을 하는 것이 p53의 사명이다. 그런데 암 세포는 위와 같이 스스로 자살하는 작용을 할 수가 없기 때문에 점차로 증식하기만 한다. 때문에 오카야마 대학에서는 p53을 암의 환부에 넣어 암세포의 자살을 촉진시키는 치료를 시도했었다.

  한편 일본 최초의 유전자 치료를 시도했던 홋카이도 대학의 경우에는 환자가 선천적인 질병이었기 때문에

아데노신 데 아미나제(ADA；Adenosine de Deaminase)
라는 면역에 관계되는 단백질의 유전자가 정상적으로
움직이지 않았었다. 그래서 이 환자에게 ADA의 정상유
전자를 체내에 투입하기도 했다.

　이 밖에도 여러 방면으로 새로운 전략이 전망되리라
생각한다. 약물을 투여한다든지, 방사선 치료 등, 종래의
방법으로 치료를 하는 것보다 유전자 치료는 질병의 원
인을 보다 근본적으로 공격할 수 있을 것이다. 또한 종
래의 치료법과 병용해서 치료를 할 수 있다는 이점도
있다.

외국에서는 이미 산업으로 인식되기 시작

　유전자 치료는 아직 실험적인 측면이 강하다. 그러므
로 지금 당장 커다란 비즈니스로 거듭난다는 것은 아니
지만, 이미 그런 조짐은 나타나고 있다. 유전자 치료는
특수한 분야이므로 비즈니스와 아무런 관계도 없다고
생각하는 기업은 커다란 후회를 하게 될 것이다.

　미국에서는 유전자 치료에 손을 대고 있는 벤처기업
이 우후죽순으로 늘어나고 있다. 유전자치료에 필요한
기술은 지금까지의 의약품 제조기술과는 판이하게 다르
다. 새로운 생산설비 구축과 전문 연구진의 등용도 필
요하다. 그러나 그러한 태세를 구축한다 하더라도 현
단계에서는 다른 의약품에 비해 시장의 규모가 작기 때
문에 대기업에게는 그다지 매력적인 분야로 인식되어지

지 않고 있는 실정이다. 오히려 사소한 것에도 쉽게 대응할 수 있는 벤처기업이 뛰어들기 쉬운 분야로 인식되어져 있다.

일본의 임상실험도 미국의 벤처기업의 힘을 빌리고 있다. 동경대학 의과학 연구소의 경우, 벡터를 셀제네시스사(캘리포니아주)에, 유전자를 벡터에 주입한 후의 안전성 검사는 MA바이오 서비스사(메릴랜드주)에 의뢰하고 있다.

이러한 벤처기업을 둘러싸고 외국의 대기업들의 움직임도 활발해져 왔다. 프랑스 대기업 로누·프랑·롤러(RPR)사는 유전자치료 개발을 목적으로 미국에 RPR사를 설립하고, 인트로겐·세라퓨틱사(텍사스주) 등의 벤처기업과 협력관계를 체결하는 등의 활발한 움직임을 보이고 있다. '98년 12월에는 그들이 말하는 '회전목마식' 벡터의 개발로 엔드사이트사(인디애나주)와 협력관계를 체결할 것을 발표하기도 했다. 스위스의 선더사, 치바가이기사 등도 유전자치료 관련의 벤처기업과 각각 손을 잡고 있는 실정이다. 이로써 유전자치료에 대한 기업의 관심도가 얼마나 높아졌는지 알 수 있을 것이다.

단, 외국의 의료기관이 실시하고 있는 임상실험을 보면 확실한 치료성과를 올린 경우는 드물다. 대부분은 아직 안전성을 겨냥한 소수의 환자를 대상으로 임상실험을 하고 있는 실정이다. 하지만, 최종적으로 치료효과를 거둘 수 있게 하기 위해서는 향후 예정되어 있는 대규모의 실험의 결과를 기다릴 필요가 있다. 그와 동시에 벡터를 개량하는 등, 한층 더 발전한 기술개발이 필요하다는 의견도 강하다.

일본 국내를 살펴보면, 표면적으로는 제약기업의 유전자치료에 대한 관심은 그다지 크지 않다. 유일하게 다카라주조(寶酒造)가 미국 국립위생연구소(NIH)나 인디애나 대학과 공동으로 임상실험을 추진하고 있는 정도이다.

다카라주조의 가토 이쿠노신(加藤郁之進) 전무는 '유전자치료는 환자의 고통과 의료비를 절감시킬 수 있는 가능성을 안고 있다. 한마디로 표현을 한다면 주사 두 대로 모든 치료가 끝난다고 할 수 있다. 서양 선진국들은 이미 국가적 차원에서 유전자치료의 추진을 장려하는 나라들도 적지 않다. 이러한 움직임은 유전자치료가 사업성이 뛰어나다고 판단되었기 때문이다.'라고 하고 있다.

태아 유전자치료 계획이 거론

'태아 유전자치료도 해금을'. 미국 사우스 캘리포니아 대학의 앤더슨 박사의 연구그룹이 이러한 제안을 NIH(미국국립위생연구소)에 했다는 내용의 뉴스가 '98년 9월의 일본경제신문에 등장했다. 태아가 유전병에 감염되었는지의 여부를 미리 검사해서 감염되었으면 임부의 뱃속에 있는 단계에서 치료를 해버리자는 계획이다. 그러나 궁극적인 치료방법이라고도 할 수 있는 치료법임에도 불구하고 조기 해금의 가능성은 좀처럼 보여지지 않고 있으며, 앞으로 더욱 큰 논란을 불러일으킬 것 같다.

태아 상태일 때 치료를 하는 '태아치료' 그 자체는 사실 일본에서도 전례가 있다. 탯줄이 이어진 채 태아를 수술해서 무사히 출산시킨 경우이다. 일본산부인과 학회에 따르면, '96년부터 '97년, 2년간 전국에서 실시된 치료는 태아를 보호하는 양수보충과 같은 간단한 시술을 포함해서 약 3백45건이 된다고 한다. 출산 전에 태아의 상태를 진단하는 기술이 진보해온 탓도 있지만, 앞으로도 계속해서 이러한 태아치료는 증가할 전망이다.

그러나 본격적으로 태아의 유전자치료를 실시하게 된다면, 그 전에 근본적으로 해결해야 할 많은 문제들이 도사리고 있다. 태아치료와 유전자치료의 전례가 있다 하더라도 '태아유전자치료'를 당장 할 수는 없는 것이다. 치료를 위해서는 태아의 혈액에 들어있는 세포를 채취해 거기에 치료용 유전자를 주입시켜 태아의 몸 속으로 돌려놓는다. 그런 과정을 하는 과정에서 혹 다른 이상이 발생해서 질병이나 장애를 가진 아이가 태어날 가능성을 현 단계에서는 배제할 수 없는 것이다.

또한 실수로 정자나 난자의 세포에 변화가 생기면 자손대대로 영향을 받게 된다. 인간의 본질인 유전자에 손을 대는 유전자치료는 '그 결과는 절대 자손에게 영향을 주어서는 안 된다'라는 것이 치료 전의 전제로 되어있다. 그러므로 태아의 유전자 치료에는 더욱 신중함이 요구되고 있는 것이다.

현재로서는 태아의 유전자치료에 대한 논란을 환기시키는 것이 목적이지 당장 치료를 실시하겠다는 계획은 아직 없다. 현재는 기초연구를 다지는 단계라고 할 수 있다. 앞으로 치료를 희망하는 사람이 나올 가능성이 높기 때문에 확실한 기술의 가능성이나 치료에 따른 불이익, 또는 부작용 등을 고려해 놓지 않으면 안 된다.

2 커스텀 메이드 의료

21세기의 의료현장에서는 만인에게 약효를 발휘하는 약이 자취를 감추게 될지도 모른다. 대신, 한 사람 한 사람의 체질이나 질병의 상태에 맞는 약이 등장할 것이다.

개인의 유전자 정보를 조사해서 그에 맞는 적절한 약이나 치료법을 선택할 수 있는 '커스텀 메이드 의료' 시대가 펼쳐질 게 분명하다. 유전자 차원에서 약의 효과나 부작용을 미리 예측할 수 있게 되며, 질병의 원인을 겨냥하여 미연에 방지하는 약의 개발이 더욱 활발해질 것이다.

슈전자 조사로 처방전

2020년, 만 45세를 맞이하는 A씨는 최근 몸의 상태가 좋지 않아 건강진단을 하기 위해 새로 개업을 한 병원을 찾아갔다. 접수를 마치자 간호 로봇이 나타나 손끝에서 피를 한 방울 채취했다. 약 30분 정도 기다리고 있자 의사가 A씨에게 설명을 시작한다.

'당신은 고혈압 증세가 있습니다만, 유전자 분석을 한 결과 저염식은 그다지 효과가 없는 것으로 나타났습니다. 위장도 안 좋으므로 약은 당신에게 가장 부작용이 없는 X약을 사용합시다.'

한편, 주부인 B씨는 검사 결과, 유감스럽게도 폐암이었다. B씨의 유전자분석 결과를 손에 든 의사가 설명을 시작한다. '당신의 암 조직을 조사한 결과 Y타입의 항암제가 효과가 있다는 것을 알았습니다. Y타입의 항암제는 부작용이 심한 경우도 있습니다만, 당신의 체질을 유전자 차원에서 조사해본 결과 별 문제가 없습니다.'

이것은 미래의 커스텀 메이드 의료의 이미지이다. 유전자 검사결과를 바탕으로 환자에게 가장 효과적인 처방전을 만든다. 유전자 차원에서 정보를 판독함으로써 효과의 유무나 부작용을 알 수 있으므로 환자의 육체적, 정신적, 경제적인 부담을 줄일 수 있다. 이러한 새로운 의료의 실현이 가까운 장래에 다가오고 있다는 예감이 든다.

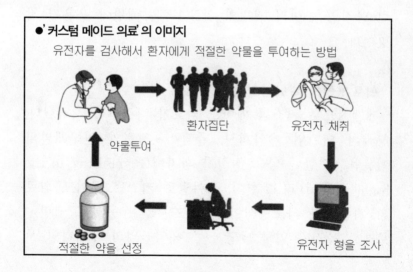

● '커스텀 메이드 의료' 의 이미지

유전자를 검사해서 환자에게 적절한 약물을 투여하는 방법

환자집단 　 유전자 채취 　 약물투여 　 적절한 약을 선정 　 유전자 형을 조사

이미 서양에서는 선구적인 움직임이 일고 있다. 유전자검사·연구개발의 벤처기업인 미국 밀엣드·제네틱사(유타주)는 고혈압 환자를 대상으로 새로운 유전자검사 위탁을 1998년 1월에 개시했다. 혈압이 높은 사람이 감염요법을 할 때, 그에 대한 효과의 여부를 판정하는 검사이다.

혈압이 높은 사람은 염분을 제한해야 한다고 한다. 그러나 모든 환자가 염분을 감소시킨다고 해서 효과가 똑같을 수는 없다. 염분을 조정해야 하는지 안 해도 되는지를 미리 판정할 수 있다면 환자의 부담이 훨씬 줄어들게 될 것이다.

일본에서도 C형 간염바이러스에 감염된 환자의 유전자를 조사해서 치료약인 인터페론이 효과가 있는지 없는지를 판정하는 검사가 실용화되어 있다. 앞으로도 이런 움직임은 여러 질병의 치료, 혹은 예방에 응용될 전망이다.

의료산업의 패러다임 변화

세계적으로 커스텀 메이드 의료가 각광받기 시작했다. 영국의 대기업 제약회사, 글랙소·웰컴의 연구개발의 기본은 '적절한 약을 적절한 환자에(Right Drug to the Right Person)'라고 한다. 그야말로 커스텀 메이드 의료의 기본적인 사고방식이라 할 수 있다. 동사의 앨런·로제스 유전자 연구 담당자는 '의약산업의 패러다임 시프트(변화)가 일어난다.'라는 표현을 하고 있다. '커스텀 메이드 의료는 환자의 부작용을 감소시키고, 제약기업은 임상개발 비용을 대폭 줄일 수 있다'는 것에 근거를 둔 말이다. 막대한 개발비용을 들인다 하더라도 임상실험 단계에서 부작용이 발견되어 실용화를 단념해야 하는 약이 헤아릴 수 없을 정도로 많다. 그러나 유전자 검사를 통해 약효를 미리 예측한 후, 임상실험을 한다면 비용의 낭비를 대폭 줄일 수 있을 것이다.

이러한 흐름을 타고 신 비즈니스도 등장하기 시작했다. 임상실험 단계에서 유전자가 다른 환자의 부류를 분류해서 그것을 바탕으로 신약을 시험하는 기업이 출현했다.

영국 스미스클랜·비참의 연구자들이 중심이 되어 '98년에 설립한 제노스틱퍼머사(켐브리시)는 신약을 개발하는 것뿐만 아니라 다른 기업이 개발한 의약품을 어떤 유전자를 가진 환자에게 적용할 수 있는지를 조사하는 기술을 특징으로 내세우고 있다.

뿐만 아니라 이미 시장에 나와 있는 약이 어떤 사람에게 효과가 있는지 재검토하는 것도 가능하다. 효과가 없다, 혹은 부작용이 심하다라는 불명예스러운 판정을 받은 약이라 할지라도 적절한 사람에게 투여하지 않았기 때문이라는 것에 원인이 있을 가능성이 있다. 그런 약은 투여할 사람을 확실히 구분해서 투여할 수만 있다면 환자는 물론이려니와 약의 명예회복에도 큰도움이 될 것이다. 일본에도 비즈니스 찬스는 얼마든지 있으리라고 본다.

의료비 삭감 대책

원래 부작용이 전혀 없는 약이란 존재하지 않는다. 항암제 하나를 예를 들어 보아도 효과가 높은 약일수록 부작용이 많다는 것을 알 수가 있다.

커스텀 메이드 의료의 흐름에 동조하여 산토리 전무, 야마노우치제약 부사장 등을 역임했던 노구치 테루히사(野口照久)씨에 의하면, '환자에게 있어서 이익이 있는 것은 물론 의료비 삭감에도 많은 도움이 되므로 국가전체의 경제에도 커다란 이익이 있을 것이다'라고 보고있다고 했다. 종래에 비해 체질이나 질병의 종류를 파악하기 쉬운 유전자검사에 대한 비용은 들겠지만, 정확한 처방으로 단번에 듣는 약을 처방할 수가 있기 때문에 돈과 시간의 낭비를 줄일 수가 있다. 이렇게 되면 비싼 약을 수없이 복용했지만 거의 효과를 보지 못했다는 말은 이미 옛말이 될 것이다.

커스텀 메이드 의료에서는 '환자에 따라 필요한 약이 다르다'라는 것을 전제조건으로 한다. 극단적으로 말하면, 이것은 의약품 시장의 축소를 의미하는 게 아닌가 생각한다. 시장이 축소된다는 것은 기업에게 있어서 그다지 바람직한 현상은 아니다. 그러나 의약품의 효과가 있는지 없는지 사전에 예측할 수 있는 의료체제가 확립되고, 또한 많은 기업이 이에 동참한다면 결코 기업의 장래가 어두운 것만은 아니다. 장래에 대한 확실한 보장이 없다고 종래의 방법만을 고집하는 것은 기업의 정체를 의미하는 것이라고 본다.

커스텀 메이드 의료가 아직 시작단계에 있기 때문에 일본에서는 아직 확실히 이해 못하는 기업이나 연구자들이 허다하다. 이에 대한 중요성을 오래 전부터 파악해온 동경대학 의과학 연구소의 나카무라 유스케교수는 '해외에서는 국가적인 차원에서 뿐만 아니라 일반 기업까지도 이러한 흐름을 당연하게 받아들이고 있는 반면, 일본은 아직 커스텀 메이드 의료의 중요성을 인식하지 못한 채 대책없이 방관하고 있는 것 같다'며 일본의 장래를 어둡게 표현했다.

제놈 창약(創藥) 포럼 발족
'98년 11월 16일, 동경 시부야에 있는 일본 약학회 대강당은 의약관계자들의 열기로 충만해 있었다. 이날 노구치 테루히사씨를 발족인으로 하는 산업, 관료계, 학계의 연구자 단체의 '제놈 창약 포럼'이라는 주제를 놓고 공동 심포지움이 열렸다. 유전자 분석결과를 바탕으로 의약품을 설계, 개발하는 방법에 대해 전문가끼리 서로 정보를 교환하고 연구전략을 세우는 장으로 마련되었다. 제놈 창약은 화학물질의 합성을 거듭하며 연구개발에 주력해 왔던 현재까지의 의약품 개발방법과는 달리,

커스텀 메이드 의료를 비롯한 차세대의 의료에는 빼놓을 수 없는 중요한 창약법(創藥法)이다.

예를 들면, 약의 재료를 발견했다고 하자. 그 약이 인간의 체내에 있는 어떤 유전자의 반응을 억제시키고 어떤 유전자의 반응을 활성화시키는지를 유전자차원의 연구에서 규명해서 의약품제조에 활용하는 것이 제놈창약의 기본 컨셉이다. 질병의 원인균의 유전자를 억제시키는 물질이라 할지라도 다른 중요하고 인간에게 유효한 유전자의 활동을 방해해 버림으로써 부작용이 발생하는 것이다. 지금까지의 신약개발은 환자 개개인의 체질을 고려하지 않은 채 보편적인 것을 기준으로 개발해왔다.

그에 비해 제놈창약은 유전자 차원에서 환자 개개인의 체질과 질병의 상태를 세세하게 분석하고 특정지어 그에 맞는 확실한 약을 만드는 것이다.

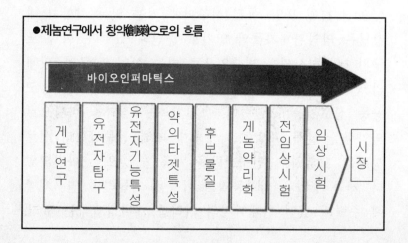

●제놈연구에서 창약(創藥)으로의 흐름

바이오인퍼마틱스

게놈연구 / 유전자탐구 / 유전자기능특성 / 약의타겟특성 / 후보물질 / 게놈약리학 / 전임상시험 / 임상시험 / 시장

포럼의 발기인인 노구치씨 외에 다케다 약품공업의 후지노 마사히코(藤野政彦) 부사장, 그리고 가즈사DNA 연구소의 오이시 미치오(大石道夫) 소장, 동경대의과학 연구소의 아라이 켄이치(新井賢一) 소장 등 유전자, 의학연구의 리더격인 유명인사들이 참가했다.

이 포럼에서 노구치씨는 '아직 이 분야는 걸음마 상태이지만, 이렇게 모두 한자리에서 의견교환과 장래에 대한 비전을 연구해 나간다면 크게 발전을 거듭할 수 있을 것'이라고 힘주어 말했다.

이날 심포지움에서는 일본그라크소, 다케다 약품공업 등 유전자연구에서 정평이 나있는 제약회사의 수석연구원들이 제놈창약에 대한 자신들의 의견과 함께 미래의 제놈창약의 열쇠를 쥐고 있는 생물정보과학(바이오인퍼만틱스), 단백질을 체계적으로 분석한 프로테움 등의 전문가들의 연구결과를 발표했다.

일본기업에 있어서 이번 포럼의 발족은 해외의 동향이나 앞으로의 나아갈 방향 설정을 탐색하기 위한 절호의 기회였으며, 참가한 기업도 살펴보면 교와핫꼬(協和醱酵), 주가이제약(中外製藥) 등에 이르기까지 대기업의 참가가 두드러졌다. 의약·바이오 관련기업뿐만 아니라 유전자정보 분석에 뛰어난 기술을 가지고 있는 히다치(日立)제작소 등의 기업도 가세하여 제놈창약에 대한 관심의 고조가 표면화되었다.

심포지움에 참가한 자들 중에는 어디까지 실현가능한

지 알 수 없다며 의문을 표명하는 자들도 있었으나 이번 심포지움은 일본의 유전자 의료분야가 한발 전진하는 계기가 되었던 것만은 틀림없는 사실이다.

유전공학 선진 각국에게 한발 뒤떨어진 감이 있기는 하지만, 제놈창약 분야는 아직 걸음마 단계이므로 승부가 결정됐다고는 할 수 없다. 앞으로 얼마나 효율적으로 연구개발을 하느냐하는 것이 일본기업들에게 주어진 과제라 할 수 있을 것이다.

3. 유전자 검사가 의료산업을 바꾼다

유전자를 이용하여 질병을 진단하는 시대가 도래했다. 인체가 가지고 있는 바이러스나 세균을 고감도 검출할 수 있는 검사법은 이미 보급기에 들어섰으며 이 밖에도 질병의 진행여부나 적절한 치료법도 유전자 조사로 모두 파악할 수 있게 되었다. 건강할 때 미리 자신의 장래 질병에 걸릴 확률, 또는 리스크(위험도)를 조사해 두는 궁극적인 건강진단법도 조만간에 결실을 맺게 될 것이다.

유전자 검사란 판정결과의 신중함이 요구되므로 어느날 갑자기 널리 보급될 것이라고는 생각하기 어렵다. 그러나 유전자 기술은 많은 시행착오를 거치는 동안 성숙기에 접어들었다. 앞으로 우리는 자신의 유전자 정보를 미리 알고 그에 따른 인생설계를 해 나간다는 구상이 나올지도 모른다.

이렇게 되면 일반인들은 자신의 유전자를 조사해 놓으려 할 것이며 이에 따른 수요가 점차 늘어남에 따라, 사회적인 조건만 갖추어진다면, 의료분야의 새로운 서비스로 부상할지도 모른다.

복제기술은 종(種)을 초월한다

인간과 소, 소와 원숭이, 전혀 다른 생물의 세포를 합체시키는 연구가 미국에서 시작되었다. 복제 양 '돌리'를 만들었을 때 이용되었던 핵 이식기술, 즉 복제기술을 이용해서 한 생물의 핵을 다른 생물의 세포에 이식시키는 것이다. 물론 소와 인간의 키메라를 만든다는 것은 아니다. 이식용 장기를 시험관 속에서 키우기 위해 필요한 세포를 만들어 내는 것이 목적이다.

미국 어드밴스드 셀 테크널러지사(메사츄세츠주, Advanced cell Technology Inc.)는 1998년 11월, 핵을 제거한 소의 난세포에 인간의 피부세포를 융합시켜 인간의 유전정보를 가진 소의 난세포를 만드는 데 성공했다고 발표했다. 이것은 '이식용 장기를 만들기 위해 필요한 배아(ES;Emhryonic Stem)세포의 대량 생산에 도움이 될 것'이라고 보고 있다. ES세포는 여러 종류의 장기에 분화할 수 있는 세포이다. 배양조건에 따라 심장도 되고 간장도 된다. 인간의 난세포에도 이와 같은 능력이 있기는 하지만 인간의 난세포를 대량으로 실험에 이용하기는 불가능하다. 인간의 유전정보를 가지고 있는 소의 난세포라는 대용품이 개발됨으로 인해 시험관 속에서 이식용 장기를 만들 수 있는 기술이 크게 진보를 보였다. 이 외에도 미국의 유명 대학이 소의 난세포에 원숭이나 양의 세포의 핵을 이식시켜 분열시키는 것에 성공을 거두는 등 유전자 연구는 한층 더 활발한 움직임을 보이고 있다. 닛케이(   )산업소비자연구소의 자문단 회의에서 '윤리적으로 어떻게 생각해야 할 지는 매우 어렵지만 뇌사상태에 빠진 사람의 장기를 이식하는 일은 현재 일본에서는 매우 어려운 현실인 것을 감안해 볼 때, 시험관에서 장기가 만들어진다는 아이디어는 획기적인 일이 아닐 수 없다. 이것은 앞으로의 비즈니스에도 크게 기여할 것으로 보여진다'고 앞으로의 전망을 밝혔다.

감염증진단에서부터 보급

임상검사 회사가 발행하는 의료기관용의 영업용책자에는 이미 'HCV(C형 간염바이러스)', '암 유전자', '백혈병 관련 유전자' 등 유전자를 이용한 검사항목이 즐비하게 적혀 있다. 그러나 일본을 대표하는 유전자 임상실험의 대기업 담당자들은 입을 모아 '전체적으로 보면 일본의 유전자 관련검사는 아직 극소수다'라고 했다. 21세기의 의료에서는 유전자가 의료산업혁신의 열쇠를 쥘 것임은 분명한데도 말이다.

유전자검사라고 한마디로 표현해도 검사의 대상이나 목적은 가지각색이다. 그중에서도 현재 보급기를 맞이하고 있는 것은 세균이나 바이러스 등의 미생물에 의한 감염증의 진단이다. 종래의 검사법으로는 혈액에 미생물이 들어 있는지의 여부를 면역학적인 방법으로 조사해 왔다. 즉, 미생물의 몸체일부를 간접적인 '그림자'로 간주하는 것이다. 이에 대해 유전자 검사에서는 미생물의 '본체'라고 할 수 있는 유전자 그 자체를 검출할 수 있기 때문에 진단을 하는 데 한층 정밀도가 높아졌다고 할 수 있다.

검사에서 위력을 발휘하는 것은 핵산 증폭반응(PCR)이라 불리는 기술이다. 이 기술은 극히 미량의 유전자를 바탕으로 동일한 유전자를 대량으로 복제·증가시키는 기술로서 스위스의 제약회사인 호프만·라·로슈가 특허를 취득하고 있다.

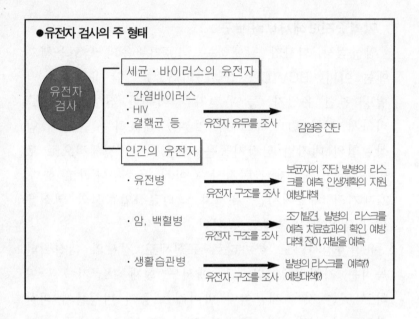

●유전자 검사의 주 형태

유전자
검사

세균 · 바이러스의 유전자

· 간염바이러스
· HIV
· 결핵균 등

유전자 유무를 조사   감염증 진단

인간의 유전자

· 유전병

유전자 구조를 조사

보균자의 진단, 발병의 리스
크를 예측, 인생계획의 지원
예방대책

· 암, 백혈병

유전자 구조를 조사

조기발견, 발병의 리스크를
예측, 치료효과의 확인, 예방
대책, 전이 · 재발을 예측

· 생활습관병

유전자 구조를 조사

발병의 리스크를 예측(?)
예방대책(?)

이 기술이 실용기에 접어든 것과 함께 '간염 바이러
스나 결핵의 원인이 되는 항산균, MRSA, 후천성 면역
결핍 바이러스(HIV) 등의 진단약이 최근 2~3년 동안
속출하고 있다'고 일본 로슈PCR사업본부 팀은 내다보
고 있다. 그 밖의 임상검사 기업이 손을 대는 유전자
검사도 현재로서는 거의 감염증을 대상으로 한 것이다.
세균, 바이러스 등의 유전자검사 기술은 임상실험검사
기업에게 상상할 수도 없는 비즈니스 기회를 부여했다.
그 방아쇠 역할이 된 것은 1996년부터 97년에 걸쳐서
맹위를 떨친 병원성 대장균 O157이다. 외식산업을 중심
으로 O157에 대한 엄중한 경계태세가 계속되는 동안

단기간에 균이 존재하는지의 여부를 검출할 수 있기 때문에 정밀도 높은 유전자 검사기술에 대한 수요가 높아졌다.

인간 유전자는 정보의 보고(寶庫)

감염증의 진단이 유전자검사로서 편리하게 파악할 수 있다는 것만으로는 유전자 검사의 특징을 충분히 살렸다고 할 수가 없다. 인간의 유전자를 조사하는 검사, 그 자체가 훨씬 효용성이 크다고 할 수 있겠다.

인간의 유전자에는 암의 재발 가능성, 선천적인 질병에 걸릴 가능성, 성인병에 걸릴 위험성 등의 다채 다양한 정보가 적혀 있다. 특히 발병 전의 검사는 검사의 개념이 바뀔 수 있는 가능성이 크다.

단, 검사결과를 환자에게 전달하는 방법이나 데이터 취급 방법에는 신중함이 요구된다. 만일 환자의 검사결과가 누출되어 악용되는 사례가 발생한다면, 그로 인한

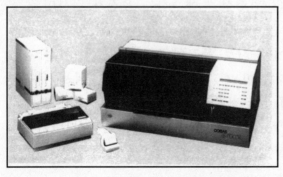

●유전자를 증폭
시키는 PCR장치

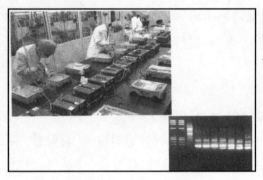

●SRL의 유전자 ·
염색체 분석 센타와
분석결과의 예

실생활에서의 생명보험의 가입 등에 있어서 불공평한
대우를 받을 가능성이 생길 위험이 있기 때문이다. 사
회적, 혹은 윤리적인 논란이 계속되고 있는 가운데 인
간의 유전자 검사에는 신중함을 기하는 기업도 있는 반
면, 상황을 정확히 파악하지 못하면 비즈니스 기회를
잃을지도 모른다는 목소리도 높아지고 있다.

　현재 생물공학 기업들이 힘을 쏟고 있는 것은 암 유
전자나 암 억제 유전자, 혹은 백혈병의 유전자 등의 유
전자검사이다. 암의 조기발견이나, 종양의 악성도나 전
이, 또는 재발의 위험성을 예측하는 유전자 검사이다.

　이러한 검사는 종래 검사의 연장선 위에 있으며 확실
한 임상 현장에 수시로 등장하고 있다. 또한, 이런 검사
는 일부 의료기관이 환자의 적절한 치료계획을 세우기
위한 자료로써 보조적으로 사용하고 있는 것에 불과하
지만, 검사약의 표준화가 진행되면 새로운 진단기술로
써 널리 보급될 가능성이 높다.

환자가 수술 후, 어느 정도의 암 세포가 남아 있는지를 판정하는 검사도 의료 현장에서 절실하게 요구되고 있는 실정이다.

한편, 질병에 걸릴 위험도를 발병 전에 미리 조사하는 검사는 일부의 의료기관에서 본격적으로 시작되었다. 현재 조사대상 유전자로는 선천성 질병이나 가계유전 암(유전성 암) 등, 유전적 질병과의 관련이 확실한 것이 주류를 이루고 있다.

검사결과는 출산이나 그 밖의 일상생활을 하는 등의 인생계획을 세울 수 있는 좋은 자료로 삼는다든지, 혹은 건강진단을 받는 횟수를 정할 수 있는 판단 자료로써 큰 역할을 할 것으로 보여진다.

신슈(信州)대학 의학부는 '95년, 유전자 진료실이라는

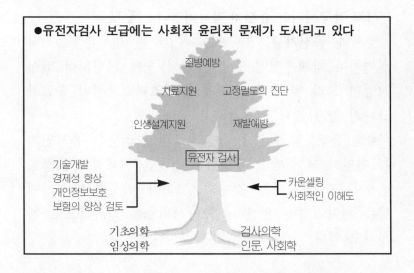

●유전자검사 보급에는 사회적 윤리적 문제가 도사리고 있다

질병예방

치료지원　고정밀도의 진단

인생설계지원　재발예방

유전자 검사

기술개발
경제성 향상
개인정보보호
보험의 양상 검토

카운셀링
사회적인 이해도

기초의학
임상의학

검사의학
인문, 사회학

것을 설치하고 카운셀링을 포함한 종합적인 진료태세를
갖추었다. 신슈대학의 이러한 자세에 대한 일본 의료기
관의 관심이 높아지고 있다.

'98년 9월에 요코하마시에서 개최된 일본 암연구학회
총회에서는 동 대학의 이런 체제를 소개한 후쿠시마 요
시아키 교수에게 회장으로부터 열렬한 질문 공세가 쏟
아졌다. 이것은 검사를 희망하는 환자를 어떻게 수용할
것인가, 의사, 카운셀러 등의 관계자는 어떤 식으로 역
할을 분담할 것인가 라는 것을 모색하고 있는 의료기관
이 의외로 많다는 것을 입증한 것이었다.

인류유전 학회도 95년, 진료 가이드라인을 작성하는
등 서서히 유전자 검사를 보급하기 위한 기반이 마련되
고 있다.

선진 각국에서의 유전자 검사비즈니스 등장

일본의 유전자를 연구하는 기업들은 대부분, 선천성
질병이나 가계유전성 질병은 환자 수가 한정되어 있어
시장이 그리 넓지 않기 때문에 비즈니스로써의 수요가
그다지 높지 않다고 생각하고 있다.

예를 들면, 암의 경우 부모로부터 물려받은 유전인자
가 원인이 되어 암을 발병하는 경우는 전체의 1할 정도
에 지나지 않는다는 것이다. 그러나 미국에서는 이미
많은 벤처기업이 유전자 검사 서비스를 적극적으로 전
개하고 있다.

미국의 밀옛드·제네틱스사는 가계유전성 유방암에
관한 'BRCA'라고 하는 유전자검사를 실시하고 있다.
유전자에 이상이 있는지의 여부를 조사해서 장래에 암
에 걸릴 가능성이 있는지 없는지를 미리 알아둔다면 장
래에 대한 대책을 세우기가 훨씬 쉬워질 것이라고 이
회사의 관계자는 말한다. 암에 걸리기 쉽다는 판정을
받는 것은 정신적으로 매우 부담이 가는 일이다. 그러
나 한편으로는 그런 정보를 알아둠으로 해서 질병에
적극적인 자세로 대처 할 수가 있다.

제네틱스사의 유전자검사 서비스는 미국에서 많은 화
제를 불러 일으켰다. 그러나 검사를 받겠다는 일반인들
이 이 회사로 몰려든 것은 아니다. 유전자검사에서는
검사를 받으면 자신의 정보뿐만 아니라 가족의 정보까
지도 어느 정도 알게 됨으로 보험가입시 부당한 취급을
받지 않을까 하는 염려의 목소리도 높아지고 있다.

미국의 몇몇 주에서는 보험회사가 유전자정보를 이용
하는 것을 법으로 금지시켜 놓고 있으며, 클린턴 대통
령도 의료보험회사가 고객의 유전자정보를 이용하는 것
을 제한한다는 성명을 표명하기도 했다.

또한, 일부 보험업체에서는 고객이 보험에 가입하기
전에 유전자 검사의 결과를 바탕으로 가입하는 보험액
을 정한다면 보험체계의 파탄을 초래할 것이라는 주장
도 나오고 있다.

그러므로 유전자 검사를 보급함에 있어서 기술적, 사

회적으로 보다 높은 인식의 진전이 필요할 것으로 보여진다. 한편, 치매의 일종인 알츠하이머병의 위험을 판정하는 유전자검사를 시도하고 있는 기업도 등장하기 시작했다. 아테너·뉴로사이엔시스사(캘리포니아주)에서는 특정의 단백질의 유전자를 조사해 알츠하이머 발병 위험도를 측정하고 있다.

알츠하이머병은 유전성이 있는 것과 그렇지 않은 것이 있다. 이 회사의 검사는 유전성이 아닌 타입의 위험도를 측정해서 판정하는 것을 특징으로 삼고 있다. 알츠하이머병은 아직 치료법이나 예방법이 확립됐다고는 볼 수 없는 병이므로 판정결과를 치료, 예방의 자료로 사용하기에는 불가능하다. 때문에 유전자검사에 의문점을 표명하는 목소리가 있음에도 불구하고 검사를 의뢰하는 사람들이 끊이지 않고 있다. 이들은 대부분 결과를 인생설계의 자료로 삼으려는 부류들이다. 환자에게 병명을 알려주는 일이 당연한 일이라고 받아들여지는 미국사회이기 때문에 성립되는 검사라고 할 수 있을 것 같다.

생활습관병도 사전에 예방

유전자 검사의 대상은 '선천적인 병' 또는 '유전성인', 이외에도 확산될 전망이다. 최근, 당뇨병이나 고혈압 등 생활습관병, 즉 성인병이나 암에 관한 유전자가 차례로 규명 되어지고 있다.

예를 들면 비타민 D_3를 감지하는 수용체는 사람에 따라 그 구조가 미묘하게 달라 특정한 유전자에 대응하는 수용체를 가지고 있는 사람은 쉽게 골절한다는 것을 알아냈다. 고혈압 발병 위험도는 안지오텐시노겐이라는 효소와 그에 대한 수용체를 조사해보면 알 수 있다.

우리는 이러한 검사를 거듭하는 동안 '미래의 카르테'를 만들 수 있게 되는 것이다. 물론 실제로 발병할 지 안 할지를 완전히 알아낸 것은 아니다. 발병에는 본인의 생활습관 등의 유전자 이외의 요인이 작용하기도 하고, 설사 동일한 종류의 유전자를 가지고 있다 하더라도 발병을 하는 사람과 안하는 사람이 있으므로 정확하게 예측하기는 어렵다. 그러나 가능성의 대소는 어느 정도 판단할 수 있다고 한다.

많은 기업들이 생활습관병 유전자 검사를 장래의 중요한 프로젝트로서 채택하고 있다. 인간게놈연구가 발달하고 인간의 질병이나 체질에 관련된 유전자가 한층 확실히 규명되어 간다면 발병하고 난 후가 아니라 그 전에 방지할 수 있게 된다는 것이다. 신약개발연구의 일환으로서 생활습관병 유전자 검사가 일본 국내의 임상실험을 주로 하는 기업에서도 이미 시작되었다.

위험도 예측결과를 바탕으로 생활습관을 고쳐 나간다면, '미래의 카르테'도 수정될 것이다.

건강할 때 몸을 생각해서 금연과 금주를 생활화하고 식생활을 개선하자고 아무리 떠들어도 미래에 대한 건강의 여부가 실감이 나지 않기 때문에 적극 받아들여지지 않는 게 사람의 심리이다. 그러나 미래의 진단서를 매일 알 수 있다면 문제는 달라질 것이다.

한 임상검사 회사는 장래에는 스포츠클럽에서도 간단하게 검사를 받을 수 있게 될지도 모른다고 한다. 미츠비시(三菱)화학 BCL(동경)은 비만에 관련된 유전자를 조사하는 검사기술을 개발해 냈다. 이로써 자신에게 맞는 이상적인 운동 프로그램을 유전자검사 결과를 바탕으로 짤 수가 있게 되었다. 이런 하이테크 스포츠클럽도 조만간에 등장할지 모른다.

4. 출산 전의 진단을 둘러싼 논란

모체혈청 마커검사가 보급

동경도내에 거주하는 32세의 주부, A씨는 1999년 생후 1개월이 된 아기를 돌보는 일에 여념이 없지만 표정은 매우 밝다.

그러나 약 6개월 전 그녀는 매우 심각한 고민에 빠져 있었다. 그녀는 갑자기 담당의사로부터 양수검사를 받을 것인지의 여부를 결정하라는 권고를 받았다. 첫출산이었던 그녀는 태아의 장애여부를 혈청검사를 통해 이미 검사를 받았다.

'모체혈청 마커검사'라는 검사방법으로 다운병 등의 이상이 있는지의 여부를 확률계산을 통해서 하는 검사이다. 결과는 어디까지나 확률에 지나지 않기 때문에 정확성의 여부는 알 수 없다. 그에 비해 직접 양수 세포를 채취하는 양수검사를 받으면, 거의 정확한 진단을 할 수가 있는 것이다.

그러나 양수검사에 의한 유산의 가능성도 배제하지는 못한다. 그리고 무엇보다 태아에게 장애가 있다는 사실을 알았을 때 자신은 어떻게 해야 하는가. 남편과 며칠을 의논한 끝에 A씨는 결국 검사를 받는 데 동의했다. 결과는 음성이었다.

이에 안도의 한숨을 내쉰 것은 말할 수 없는 사실이었지만, 한편으로 착잡한 기분을 지워버릴 수가 없었다. '그때, 모체혈청 마커검사나 양수검사를 한 것은 결코 올바른 선택이었을까' 하는 생각이 그녀를 착잡한 심정으로 몰아 넣었던 것이다.

모체혈청 마커검사는 최근 일본국내에서도 널리 실시되고 있는 검사약이다. 임산부의 혈액을 채취해서 혈액 중에 포함되어 있는 단백질이나 호르몬을 측정하고 태아가 다운병이나 신경관 폐쇄부전증 등에 걸려있는지의 가능성을 확률로써 축출해 낸다.

종래부터 출산전의 진단기술이 없었던 것은 아니다. 양수나 자궁 속의 융모나 태아의 혈액을 채취하는 검사가 있었다. 그러나 종래의 진단 기술은 세포를 채취하기 위해 주사바늘을 찌르는 등의 고통이나 위험을 동반하는 것이었다. 양수검사의 경우, 자궁 속의 태아나 양수부분을 초음파 단층장치로 관찰하면서 마취를 한 뒤, 임산부의 배 부분에 주사바늘을 찔러 넣는다. 이러한 양수검사로 유산될 가능성은 3백분의 1이다. 이것은 결코 낮은 수치가 아니다.

이에 비해 모체혈청 마커검사의 경우, 혈액을 채취할 뿐이다. 혈액중에 포함되어 있는 '알파 페트 프로테인'과 '인간 융모성 거나도트로핀(Gonanotropin)', 그리고 '비포합형 에스 트리얼'이라는 세 종류의 물질의 양을 측정하기 때문에 '트리플 마커검사'라고 불리기도 한다.

이 검사는 혈중 콜레스테롤을 검사하는 것과 아무런
차이가 없을 만큼 아주 간단하다. 단, 검사결과에 대해
서는 매우 신중함이 필요하다. 결과를 얻을 수 있는 것
은 계산에 의한 확률이다. 예를 들면 3백분의 1이 아니
라 2백9십9분의 1이라는 확률에 대해 신중한 판단을 내
려야 한다는 것이다. 자칫 잘못하면 이러한 미묘한 확
률 때문에 정신적인 불안정에 빠져드는 임산부도 있기
때문이다. A씨의 경우도 그런 경우가 아닌가 생각된다.
검사를 받았는데도 불구하고 확실한 정보를 얻을 수 없
다면, 모체혈청 마커검사의 의미를 다시 한번 되새기지
않으면 안 된다는 논란이 일고 있다.

무책임한 선전의 자제를

일본 인류유전학회는 '98년 1월, 모체혈청 마커검사에
대해 현재로서는 임산부에 대한 배려가 불충분한 상태
에서 실시되고 있는 가능성이 높으므로 무책임한 검사
확대에 경종을 울린다는 보고서를 작성했다.

만약 모체혈청 마커검사로 인해 양성이라는 결과가
나온다면 출산 전부터 임산부나 가족들의 불안을 조장
시키는 결과를 초래할 뿐이다. 원래 출산 전에 진단을
받는다는 것은 매우 신중히 결정해야 할 문제이다. 그
럼에도 불구하고 모체혈청 마커검사를 간단히 받는다는
것은 임산부에게 부담을 주지는 않는다고는 하지만, 매
우 위험한 선택이 아닐 수 없다.

동 학회의 제안의 골자로는 다음의 두 가지가 있다. 첫 번째 골자는 검사에 관여하는 의료기관이나 기업이 검사를 임산부나 가족에게 권유하거나 선전을 해서는 안 된다는 것이다.

모체 마커검사는 전문적인 기술이나 해석능력이 필요하기 때문에 유전검사 기업이 실시하는 경우가 많다. 그러나 '아무리 기업활동이라 하더라도 선전활동을 하는 것은 바람직하지 못하다'라는 것이 동 학회의 견해이다. 윤리적인 문제가 결부되는 이상 검사를 실시하는 기업은 단순 비즈니스로만 생각해서는 안 된다는 것이다.

두 번째 골자는 인펌컨센트(환자에게 설명과 동의를 얻는 일)를 철저히 할 것. 검사 결과, 알 수 있는 사항에 대해서 충분히 설명하거나 또는, 모체혈청 마커검사만으로는 확실한 진단을 내릴 수 없다는 것을 자세히 설명할 필요가 있다. 또한 검사결과는 확률로서 축출해 내는 것이기 때문에 위험률이 낮은 임산부라 할지라도 장애를 가진 아기가 태어날 가능성이 있다는 것이다. 이러한 비율이 가지고 있는 의미에 대해서도 자세히 설명할 필요가 있다고 한다.

후생성은 '98년, 전문위원회를 설치하고 모체혈청 마커검사에 대해 논의를 거듭했다. 논의는 현재도 진행 중에 있지만, 그 동안 몇몇 안건이 나왔다. 예를 들면, 검사가 불특정다수의 산모를 대상으로 태아의 질환을 발견하기 위한 낡은 분리검사로써 실시되고 있다는 위

험성을 위원회는 지적하고 있다. 원래 모체 보호법에서
는 태아의 질환이나 장애를 이유로 인공 임신중절 수술
을 하는 것을 엄하게 금지시키고 있다.

태아보다 더욱 전의 단계, 즉 수정란 상태에서 이미
질병의 여부를 검사하는 시스템도 최근 선을 보였다.
이것은 수정란 유전자 진단이라는 기술이다. 양친의 난
자와 정자를 체외 수정시켜 몇번 세포분열을 일으킨
후, 세포 하나를 적출해 내어 유전자를 조사하고 질병
의 유무를 판단한다.

예를 들면, 근(筋)디스트로피(Muscle Distrophy)의 경
우, 남아인지 여아인지에 따라 발병의 여부를 알 수 있
다. 발병하지 않는 여아의 경우, 모친의 태아에 수정란
을 착상시킨다. 이미 이런 검사는 가고시마(鹿兒島)대
학 등에서 임상응용 계획을 추진하고 있다.

비즈니스화에 대한 강한 저항감

이러한 기술은 발병을 두려워한 나머지 아이를 포기
하고 있었던 산모에게 있어서 반가운 소식이 아닐 수
없다. 그러나 한편에서는 장애자를 낳지 않게 하기 위
한 기술이라는 비평을 받고 있다. 검사를 실시하는 기
업인 이상, 출산 전의 진단도 일종의 비즈니스다. 일반
산업에서는 제품이나 서비스를 제공하는 것이 기본이지
만, 출산 전 진단서에 대해서는 그리 간단히 생각 할
문제가 아닌 것이다.

일본 다운증후군(Down's Syndrome) 협회는 '모체혈청 마커검사 확산의 동결'을 강력히 주장하고 있다. 출산 전 진단 그 자체에 대해서도 장애자 차별 문제로 이어질 가능성이 높다. 일본 근(筋)디스트로피(Muscle Distrophy) 협회도 생식의료가 진보함에 따라 생명의 선택이 가능하게 되었으며 장애자의 존재가 사회적으로 소외되는 사태발생을 우려하고 있다.

시험관 속에서 신장이 만들어졌다.
인공장기 제작의 첫걸음

'가까운 장래에는 시험관 속에서 만들어진 장기를 이식에 이용할 수 있을지 모른다'. 동경대학 대학원 종합문학연구과의 아사지마 마르토(   ) 교수는 위와 같이 피력했다.

시험관 속에서 장기를 키운다. 한편 황당무계한 아이디어라고 생각될지 모르지만, 이것은 현실화되어 가고 있다. 아사지마교수는 과학기술 진흥사업단과 협력해서 시험관 속에서 개구리의 신장 배아를 키우는 데 성공했다. 수정란이 수 차례 분열을 거듭한 개구리의 배아에서 신장으로 성장할 부분을 척출해 내 시험관에서 키운 신장의 배아를 이식하자 배아는 올챙이의 신장 크기로 성장했다. 신장의 배아가 올챙이의 체내에서 제기능을 다하고 있는 것처럼 시험관에서도 제 기능을 다하고 있다는 증거이다.

세포의 핵을 신장의 배아로 성장시키는 결정적인 것은 액티빈(Activin)이라 불리는 물질이다. 이 물질은 수정란 속의 세포가 장래에 어떤 장기로 변할 것인지를 결정하는 역할을 한다. 이 물질은 아사지마교수가 발견해 낸 물질이다. 또한 아사지마 교수는 '세포 배양을 할 때 액티빈의 농도를 바꾸어 주면, 심장이나 근육도 시험관 안에서 쉽게 만들어 낼 수 있다'고 한다. 실제로 심장을 만들어 보자 시험관 안에서 박동을 하기 시작했다. 개구리의 실험결과를 그대로 인간에게 적용시키는 일은 불가능하다. 하지만, 세포배양으로 원하는 장기를 마음대로 만들 수만 있다면 현재 장기를 필요로 하는 수많은 환자를 구할 수가 있다. 닛케이산업소비자연구소의 자문단 회의는 이에 대한 연구개발을 높이 평가하는 취지를 밝혔다.

3. 비약적으로 다가온 생물공학

3. 비약적으로 다가온 생물공학

3. 비약적으로 다가온 생물공학

3. 비약적으로 다가온 생물공학

3. 비약적으로 다가온 생물공학

키워드

농약내성해충저항성 식물,
오랜 신선도를 유지하는 토마토,
생태계로의 영향, 후생성에 의한 안전성 심사,
식물의 의약품 공장, 「비( )」유전자조작 작물,
유기농산물, 유전자조작 나무,
포래스트·팜, 배기가스에 강한 식물

유전자조작 기술을 이용해서 농작물이나 나무를 개량하는 움직임이 세계각국에서 활발하게 추진되고 있다. 기업들이 비즈니스로서 유용한 식물의 개발을 서두르는 등, 환경문제를 해결할 방법의 하나로 유전자변형 식물을 이용하는 아이디어를 내놓고 있다. 그러나 유전자변형 농산물을 널리 확산시키기 위해서는 소비자의 이해가 필수불가결 하다는 것도 최근의 동향에서 알 수 있었다.

1. 해충이나 농약에 강한 채소가 식탁에

아직 유전자변형 채소를 본 적도 먹어 본 적도 없다고 하는 사람이 꽤 많다. 물론 일본에서 상품화된 것은 아직 산토리가 개발해서 출시한 카네이션밖에 없다. 그렇지만 외국에서 수입된 유전자조작 작물은 이미 우리들의 식탁에 등장하고 있다. 그중에는 콩이나 옥수수 등과 같이 낯설지 않은 작물도 많고, 또한 가공식품 등에서 많이 사용되고 있다

제초제는 해충내성의 주범

지금은 유전자변형 농작물 공급자의 대명사인 미국 몬산토사. 이 회사는 특정한 제초제에 영향을 받지 않는 콩, '라운드업·레디빈스(Round up - Ready beans)'를 개발한 회사로 널리 알려졌다. 미국 농산부에 의하면 1997년 미국내의 콩 경작면적 중 14~18%를 차지할 정도로 보급되었다고 한다.

이 콩에는 제초제에 내성이 있는 유전자가 들어 있기 때문에 강한 제초제를 뿌려도 시들거나 죽지 않는다. 또 몬산토사는 이 콩을 재배하면 제초제의 사용량을 줄일 수 있다고 한다.

한편, 모순처럼 보이지만 농작물에 제초제의 내성이

있으면 대량으로 제초제를 뿌려 철저하게 제초를 하게
된다. 그 결과, 제초제의 양이 증가해서 농가에게 있어서
제초제비용이 더 들지 않을까 하는 의문이 생길 것이다.
  그런데 사정을 살펴보면 그렇지 않다. 종래에는 성분이
약한 제초제를 여러 번에 나누어서 뿌려야할 필요가 있
었다. 강력한 제초제를 한번에 뿌리면 농작물에 큰 피해
를 주기 때문이었다. 그 결과 잡초를 전부 퇴치시킬 수
가 없어서 몇 번이고 반복해서 약한 제초제를 뿌려야
했다. 인간에 비유하면 효과가 강한 약을 사용하지 않고
약한 약을 계속 오랫동안 사용하는 상황과 비슷하다.
  이에 비해 제초제에 내성이 있는 콩이라면, 제초제를
살포하는 횟수를 대폭 줄일 수 있다. 몬산토사에 의하
면 유전자변형 콩의 경우, 1헥타 당 제초제 사용량을
종래의 7할 정도 감소시킬 수 있기 때문에 비용절감에
큰 역할을 해, 농가에서 많은 호평을 받고 있다고 한다.
  몬산토사의 콩을 비롯해서 일본에서 안전성이 인정되
어있는 유전자변형 농작물은 98년 12월 현 시점에서 22
종류가 된다. 표를 살펴보면 미국의 몬산토(Monsanto),
획스트(Hoecst)·쉘링·아그레보(Agrevo)의 두 기업이
거의 대부분을 차지하고 있다. 농작물의 종류도 다양하
여 콩, 옥수수, 유채, 감자 등 낯설지 않은 야채나 곡물
들이다.
  제초제 내성과 함께 눈에 띄는 것이 해충저항성의 농
작물이다. 이 작물에는 BT라고 하는 토양세균의 단백

질 유전자가 만들어져 있다. 이 때문에 해충에 의한 피
해를 줄일 수 있다는 것이 특징이다. 농가에게 있어서
제초제 내성과 함께 반가운 소식이 아닐 수 없다.

　안전성이 확인된 유전자변형 농산물 중에 유일하게
일본기업의 개발 상품인 것은 기린맥주의 신선도가 오
래 유지되는 토마토이다. 사실, 이 토마토는 세계에서
처음으로 소비자의 입으로 들어간 유전자변형 농산물로
서 몬산토사 산하의 걸진(Clagene)사가 개발한 플레이
버세이버(Flav-O-Savr)처럼 이름 그대로 종래의 토마

식품 · 식품첨가물	신청자
제초제의 영향을 받지 않는 콩	일본 몬산토(주)
제초제의 영향을 받지 않는 유채	일본 몬산토(주)
제초제의 영향을 받지 않는 유채	획스트 · 쉘링 · 아그레보(주)
제초제의 영향을 받지 않는 유채	획스트 · 쉘링 · 아그레보(주)
해충저항성 옥수수	일본 몬산토(주)
해충저항성 옥수수	일본 시바가이기(주)
해충저항성 감자	일본 몬산토(주)
해충저항성 옥수수(일드가드 · 옥수수)	일본 몬산토(주)
해충저항성 감자(뉴리 · 감자)	일본 몬산토(주)
해충저항성 목화(잉거드 · 목화)	일본 몬산토(주)
제초제의 영향을 받지 않는 옥수수	획스트 · 쉘링 · 아그레보(주)
제초제의 영향을 받지 않는 (PHY14,PHY35)	획스트 · 쉘링 · 아그레보(주)
제초제의 영향을 받지 않는 유채(POS2)	획스트 · 쉘링 · 아그레보(주)
제초제의 영향을 받지 않는 유채(PHY36)	획스트 · 쉘링 · 아그레보(주)
제초제의 영향을 받지 않는 유채(T46)	획스트 · 쉘링 · 아그레보(주)
제초제의 영향을 받지 않는 목화(라운업 · 레이디 목화)	일본 몬산토(주)
제초제의 영향을 받지 않는 목화(BXN cotton)	일본 몬산토(주)
제초제의 영향을 받지 않는 유채(MS8RF3)	획스트 · 쉘링 · 아그레보(주)
제초제의 영향을 받지 않는 유채(HCNIO)	획스트 · 쉘링 · 아그레보(주)
신선도가 오래 유지되는 토마토	기린맥주(주)
제초제내성, 웅성부임성 유채	획스트 · 쉘링 · 아그레보(주)
제초제내성, 임성회복성 유채	획스트 · 쉘링 · 아그레보(주)

토에 비해 신선도가 오래 유지되는 것이 특징이다.

토마토를 농장에서 숙성시킨 뒤, 출하해도 유통과정에서 쉽게 썩지 않는다. 특별한 맛이 있는 것도 아니고 토마토는 역시 토마토라고 미국에서 플레이버세이버 토마토를 먹어본 소비자들은 입을 모아 감상을 말했다. 기린 맥주에서는 현재 이 토마토의 개량을 추진하고 있는 단계로서 '98년 말에는 구체적인 상품화에 나설 계획이다.

일본에서도 연구 추진

일본에서 실용화된 유전자조작 농작물은 산토리의 카네이션뿐이지만, 이 밖에도 여러 방면의 연구가 추진 중에 있다. 그중 주요 목표로 삼고 있는 것이 벼이다.

시즈오카현(靜岡縣) 토요타쵸(豊田町)에 있는 일본 담배산업(JT:Japan Tabacco) 연구소에서는 유전자조작 벼가 출하를 기다리고 있다. 이미 격리시험장에서 재배시험을 마친 실용화 단계에 가까운 유전자조작 농산물 중의 하나이다. 단지, 직접 먹을 수 있는 쌀은 아니다. JT의 설명에 의하면 고급 일본술의 원료로 사용하고 있다고 한다. 일본술이 쌀로 빚어진다는 것은 누구나 알고 있는 일이다.

그러나 그 제조방법을 살펴보면, 쌀 전체가 술로 빚어지는 것은 아니다. 쌀의 겉 표면에 있는 단백질을 제거한 중심부분만이 원료가 된다. 단백질은 담백한 술맛을 흐리게 하는 원인이 되기 때문이다. 다이인조(大吟釀)

등의 고급 일본술은 쌀의 표면에서부터 60% 정도를 제
거한 뒤 술을 빚어 깨끗하고 담백한 맛을 내고 있다.
표면을 많이 제거하면 할수록 그만큼 쌀의 낭비도 크며
손이 많이 간다는 말이 된다. 그러므로 JT에서는 쌀의
낭비를 줄이기 위해 표면의 단백질 성분이 응고되는 과
정을 차단해서 잡스러운 맛의 성분을 감소시키는 발상
에 착안했다. 이것이 실용화된다면 소비자들이 일본술
을 지금보다 훨씬 저렴한 가격으로 마실 수 있게 될 것
으로 기대된다.

한편 기린맥주는 냉해에 강한 농작물과 바이러스병에
강한 농작물의 연구를 추진하고 있다. 이 밖에도 미츠
이화학(三井化學), 미츠비시화학(三菱化學) 등의 식물
개발공학 연구소가 실용적인 유전자변형 농작물의 개발
을 추진하고 있다. 그러나 미국에서는 새로운 유전자변
형 농작물이 개발되어 시장에 적극 출하되고 있는 반
면, 일본의 연구개발은 모두 진행중에 머물고 있다. 이
것만 보더라도 일본이 얼마나 미국에 뒤쳐져 있는지를
짐작할 수가 있다.

농림수산성이 질병에 강한 벼를 유전자변형으로 재배,
그것을 일반 실험장에 옮겨 심었던 적은 있으나, 현시
점에서 하나도 실용화가 되지 못했다. 원래 농림성은
유전자변형 벼를 그대로 먹는 것이 아니라 품종교배에
이용한다는 것을 전제로 개발을 추진해왔기 때문에 개
발이 늦어졌는지도 모른다.

개발이 도중에서 중단된 농작물도 많다. 구 미츠이도 아츠(三井東壓)화학은 알레르기의 원인이 되는 성분을 감소시킨 저알레르기 쌀의 개발을 추진하고 있었다. 그러나 확실한 효과가 인증되지 않았다는 것과 그다지 수요가 없다는 이유로 계획이 도중에서 무산되고 말았다. 유전자변형 기술의 특징을 충분히 살린 연구였던 만큼, 이 쌀의 개발중지는 많은 아쉬움을 남겼다.

안정성 확신이 포인트

이바라기현(茨城縣) 쯔쿠바시에 농림연구단지라는 곳이 있다. 농림성 관련 연구기관이 집결해있는 곳으로서 농업생물자원연구소 등이 자리하고 있다.

한편에 주위가 병풍림으로 둘러싸인 조그만 격리실험장이 있다. 겉으로는 아무런 변화도 찾아볼 수 없는 실험장이지만, 사실은 이 실험장이 실험실과 시장을 연결시키는 중요한 역할을 하고 있다.

기업이나 연구기관이 개발한 유전자변형 식물은 세상에 나가기 전에 이 실험장에서 주위환경에 영향을 끼치는지의 여부가 반드시 검토된다. 병풍림은 주위와 실험장을 단절시키는 장벽역할을 하고 있다. 지금까지 유전자변형 기술로 만들어진 병충해에 강한 벼나 멜론 등이 농림성의 실험농장에 심어져 있다.

격리실험농장을 가지고 있는 것은 국립연구소 뿐만 아니라 현재는 JT나 산토리 등의 민간기업이나 도도부

현(都道府縣:일본의 행정단위)의 실험기관 등이 독자적으로 격리실험농장을 만들어 놓고 유전자변형 식물재배 실험을 하고 있다. 유전자변형 식물은 새로운 기술로 만들어졌다고는 하지만, 식물 그 본래의 성질을 잃은 것은 아니다. 유전자변형으로 만들어진 벼가 재배되고 있는 옆의 논에 종래의 벼가 재배되고 있다고 가정하자. 화분이 바람에 날려 옆 논의 벼와 교배되어 예상을 초월한 신품종이 탄생할지도 모른다. 이런 가능성을 완전히 배제할 수는 없다. 또한 주위의 잡초들에게 어떤 영향을 끼치지 않으리라는 보장도 없다.

때문에 실험실에서 생산된 유전자변형 식물은 우선 격리된 온실이나 격리된 실험농장에서 시험재배를 하며 변화를 충분히 고려한 다음, 옮겨 심게 되는 것이다.

선진 외국에서는 대부분의 국가가 이와 비슷한 방법으로 유전자변형 식물의 환경이나 생태계에 끼치는 영향을 검토하고 있다. 그러나 모든 연구기관이 이와 같은 방법에 동참하고 있는 것은 아니다.

미국의 미시건 대학은 농작물에 주입한 유전자가 주위에서 생식되고 있던 미생물에 옮겨갔다는 연구결과를 발표했다. 유전자변형 농작물의 재배가 확산되면 그에 따라 종래의 식물이나 미생물과 조화를 이루지 못하는 것은 아닌지 하는 염려를 하는 사람도 있다.

더욱이 격리실험장 등에서 검토과정을 거쳐 자연환경이나 생태계에 영향이 없다고 판단될 지라도 상품화가 되기까지는 많은 심사과정이 남아 있다. 안전성 검사이다. 꽃과 같은 상품은 예외이지만, 우리의 입으로 들어가는 농작물에 대해서는 식품으로서의 안전도를 확인하는 작업과 심사가 남아 있는 것이다. 이것은 후생성이 담당을 하게된다. 후생성에서는 우선 유전자변형 DNA기술 응용식품·식품첨가물의 안전평가지침에 따라 알레르기의 원인이 되는 물질이 검출되는지의 여부를 심사한다. 이 심사에서 문제가 없다고 판정이 되면 비로소 실험실에서 탄생한 새로운 품종의 식물이 상품차원으로 인정되는 것이다.

그러나 안전성이 확인된 유전자변형 농산물이라 할지라도 소비자입장에서는 불안이 가시지 않는 것도 사실이다. 예를 들면, 유전자변형 때 사용한 바이러스가 인체에 어떤 영향을 끼치지는 않을까, 혹은 전혀 알 수 없는 독성이 음식을 섭취한 후 오랜 시간에 걸쳐 서서히 나타나지 않을까 하는 불안이 있는 것이다. 해충에 강한 농작물의 경우에는 해충도 먹지 않는 농작물을 인간이 먹어도 괜찮은 것인지 하는 의문점이 남아 있다.

또한 유전자변형 기술 그 자체에 막연한 불안감을 가지고 있는 사람도 적지 않다. 그 결과 거부반응을 표시하는 소비자들도 없지 않아 있다. 이러한 마이너스 이미지를 어떻게 만회할 것인가 하는 것이 향후과제로 남게 될 것이다.

식물이 의약품 공장이 되는 날

200X년, 개발도상국인 A국의 초등학교에서 학생 모두에게 바나나가 하나씩 나누어졌다. 사실 이 바나나는 A국의 후생성에 해당하는 기관이 어린이들에게 나누어 준 것이다. 그렇다면 왜 후생성이 어린이들에게 바나나를 나누어 주었을까, 하는 생각을 할지 모르지만, 이것은 가까운 장래에 실현한다 하더라도 결코 이상할 게 없는 상황이다.

'먹는백신'으로 개발이 추진되고 있는 유전자변형 식물은 저렴한 비용으로 실현할 수 있는 의약품생산 기술로서 주목을 받고 있다. 미국의 코넬 대학은 유전자변형 기술을 이용하여 소아 백신이 되는 단백질을 바나나에 주입시켰던 실적을 가지고 있다.

일본에서는 유감스럽게도 먹는백신 연구는 거의 추진되고 있지 않다. 유일하게 시험품을 만든 것은 테이고쿠(帝國)대학 이공학부의 오카다 요시미(岡田吉美)교수의 연구그룹이다. 이때 실험에 이용했던 것은 토마토였다. B형 간염의 백신이 되는 단백질을 토마토 속에 주입해서 생산시키는 방법에 성공했던 것이다.

단, 먹는백신의 효과에는 많은 의문점이 있다. 백신의 본체는 펩티드라고 불리는 아미노산의 고리이다. 단백질의 일부라고 생각하는 편이 쉬울 것이다. 이것은 고기나 생선의 성분과 본질적으로 다름이 없다. 우리가 알고있는 것처럼 음식은 위장을 통해 소장에서 흡수되어 혈액을 통해 온몸 구석구석으로 전해진다. 그 과정에서 타액이나 위액 등에 의해 음식물이 분해된다. 이와 같이 우리가 먹은 백신이 분해되어 버린다면 충분한 효과를 발휘할 수 없게 될 것이다.

그러나 오카다교수에 따르면, 이미 동물실험에서 먹는 백신의 효과를 확인했다고 한다. 앞으로 계속 연구가 진행되면 먹는백신은 결코 몽상으로 끝나지 않는다는 것을 시사해주고 있다. 그리고 먹지 않는다 하더라도 식물에 의약품을 생산하게 했다는 기술의 의미는 매우 큰 것이다. 현재, 공장에서 생산되고 있는 의약품을 밭에서 생산할 수 있다면 비싼 설비비용이 대폭 절감될 수 있을 것이다. 의약품의 성분을 가지고있는 식물을 밭에 재배해 놓고 필요할 때 채집해서 유효성분을 추출해내기만 하면 된다.

이러한 장래를 위하여 일본농림성에서는 99년부터 '식물공장 개발'에 착수할 것을 표명했다. 많은 민간기업들도 참여할 것이라 한다. 현 단계에서는 먹는백신이라는 새로운 컨셉의 화제성에 주목을 하고 있으나 식물이 의약품공장으로서 본격적으로 기능을 할 날은 그다지 멀지 않은 것 같다.

DHA함유 농작물이 생산?
사가미쥬켄(相模中硏)이 합성유전자를 분리

다랑어의 눈동자가 몸에 좋다, 등푸른 생선을 먹자. 이것은 건강에 관심을 가지고 있는 사람이라면 한번쯤 들어보았으리라. 이것은 DHA가 다량 함유되어 있기 때문이다. DHA는 탄소가 22개 연결되어 있는 불포화지방산으로서 건강을 지켜주고 질병예방에도 효과가 있다고 한다. 최근 DHA를 넣은 분유나 함유된 식품들이 시장에 선을 보이고 있다. 그 DHA를 합성하는 유전자를 재단법인 사가미( )중앙연구소가 분리하는데 성공했다. 토야마 만( )의 수심 4~5백 미터 해역에 생식하는 보리멸치와 비슷한 심해어장에서 DHA를 합성하는 세균을 발견해 DHA합성에 필요한 유전자를 축출한 후, 대장균에 유전자를 주입시켜 DHA를 생산하는데 성공했다고 사가미 중앙화학 연구소의 야자와 이치로 수석연구원이 발표했다. 이처럼 농작물에도 DHA합성유전자를 주입시킨다면 DHA함유 쌀, DHA함유 옥수수 등을 생산할 수가 있다. 아직은 생선기름에서 밖에 추출하고 있지 못하는 DHA를 미생물을 이용해서 대량생산 할 수 있는 날도 멀지 않은 것 같다.

차가운 심해에서 생식하는 균의 유전자를 농작물 속에서 활성화시키는 일은 그다지 간단한 일은 아니지만 잘만 하면 쌀이나 옥수수를 먹기만 해도 DHA를 섭취할 수 있게 될 날이 올 것이다. 닛케이산업소비연구소의 자문단은 미국의 몬산토사 등 해외기업이 이에 대해 많은 관심을 보일 것이라고 하며 사가미 중앙화학 연구소의 성과를 높이 평가했다.

2. '비(非)'유전자변형

유전자변형 농작물의 개발이 국내외에서 진행되고 있는 가운데 우리 식탁에도 많은 유전자변형 곡물이나 야채가 올라오게 되었다. 그러나 유전자변형 식품을 먹고 싶지 않다는 주장을 하는 사람들도 점차로 증가되고 있는 실정이다. 안전성에 대한 불안을 가지고 있다는 것이 그 이유 중에 하나이다. 이 때문에 기술이 아무리 뛰어나도 실용화를 주저하고 있는 기업이 많다.

비 유전자변형 두부가 화제거리로

'타이시(太子)는 결정했습니다. 앞으로 1년간 유전자변형 콩을 사용하지 않기로 했습니다.'

● 태자식품광고

이런 광고가 1997년, 일본 동북지방의 지방신문인 하북신보에 실렸던 적이 있다. 마침 유전자변형 농산물의 수입에 박차를 가하고 있던 시기에 지방에 기반을 둔 타이시(太子)식품공업

(아오모리현·미토시)이 고민 끝에 내놓은 결정이었다.

이 회사의 구도 시게오(工藤茂雄)사장에 따르면, 유전자를 변형하지 않은 콩을 사용하고 있다는 것을 어필해서 새로운 시장을 획득하려는 생각이었다고 한다. 유전자변형 콩을 사용하지 않기 위해서는 상품의 가격을 인상시킬 수밖에 없기에 소비자들에게 사정을 설명하기 위한 광고를 냈다고 했다.

이 회사는 두부의 재료인 국산용 콩에 수입산 유전자변형 콩이 섞여 있을 가능성이 있다는 얘기를 듣고 전문가와 상의한 끝에 조사를 시작했다. 그 결과 시중에서 조달하던 콩을 중지시키고 직접 농가와 계약 체결로 조달하는 방법을 채택했다. 이 때문에 원료의 비용이 비싸져 소비자 가격을 상승시키지 않으면 안 되었다는 것이 광고를 낸 큰 이유이다.

국가가 안전하다고 판정을 내렸음에도 굳이 그렇게까지 할 필요가 있겠느냐는 주위의 비난도 감수했던 것이다. 정말로 시중에 나돌고 있는 콩에 유전자변형 수입산 콩이 섞여 있는가 하는 의문의 목소리도 높아지게 되었다. 이에 대해 이 회사는 미국의 계약농가나 콩 집적장 등을 견학하는 투어까지 실시하는 등, 주위의 이해를 높이려는 노력을 보였다. 오래 전부터 일본의 두부시장은 성숙될 만큼 성숙되어 있기 때문에 매상의 신장을 꾀하기는 힘들지만 이 회사의 주력상품의 판매 수는 늘어나고 있는 추세이다.

슈전자변형 식품은 먹고싶지 않다고 하는 사람도...

'당신은 유전자변형 식품을 먹고 싶습니까?' 하고 물으면 자신 있게 '예'라고 대답할 사람이 몇 명이나 될까? 일본 정부는 안전성에 대해 문제없다는 판단을 내렸지만 소비자들의 불안감은 여전하다.

두부뿐만 아니라 유전자변형 식품을 먹고 싶다는 소비자는 결코 많지 않다는 사실을 닛케이산업소비연구소가 조사한 결과에서 잘 나타나고 있다. '98년 12월에 전국의 비즈니스맨을 상대로 실시한 조사에서는 '소비자입장에서 레스토랑에 들어가 유전자변형 농작물을 사용한 메뉴가 있다면 어떡하겠는가?'라는 질문에 대해 유효 응답자 7백82명 중 약 반수가 '주문해 보겠다' 혹은 '먹을뿐 아니라 직장동료나 가족들에게 권해 보겠다'는 적극적인 대답이었다. 그러나 한편에서는 '다른 메뉴를 주문하겠다', '그냥 나오겠다'는 대답이 약 40%나 되었다. 주부들을 대상으로 한 조사에서는 후자의 경우가 높을 가능성이 있다.

또한 유기농 식품에 대한 이미지로서는 '건강, 안전' 등이 높은 비율을 보였다. 그렇다면 왜 유전자변형농산물을 꺼려하는 것일까. 그 이유로서 몇 가지가 있으나 그중 최대의 이유는 소비자가 안전성에 대한 확신을 가지고 있지 않기 때문이라고 분석된다.

유전자변형시에는 인체에 무해한 바이러스를 사용한다. 그 바이러스가 체내에 악영향을 끼치는 경우는 없

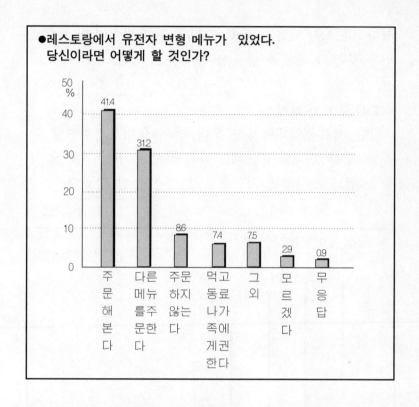

●레스토랑에서 유전자 변형 메뉴가 있었다.
 당신이라면 어떻게 할 것인가?

는가, 또는 유전자변형이라는 지금까지 없었던 기술을
사용함에 따라 알레르기의 원인이 되는 물질이 농작물
속에 합성될 가능성이 전혀 없다고 할 수 있는가, 하는
불안감이 소비자들 사이에 널리 자리잡고 있다.
  안전성에 대한 의식이 강한 생활협동조합에서는 독자
적으로 비 유전자변형 유채를 수입해서 판매용 식용유
를 만들고 있다. 가나가와(神奈川), 시즈오카(靜岡), 야
마나시(山梨) 등의 생활협동조합에서 만들어 판매하고

있다. 유코프 사업 연합회에서도 비 유전자변형 콩으로 만든 두부와 유부를 만들어 판매하고 있다.

표시 문제가 부상

일반 식료품업체에서는 오래 전부터 비유전자변형 식품을 생산 판매하고 있다. 최근에는 유기농 재배 농작물을 원료로 사용한 가공식품이 각광을 받고 있다.

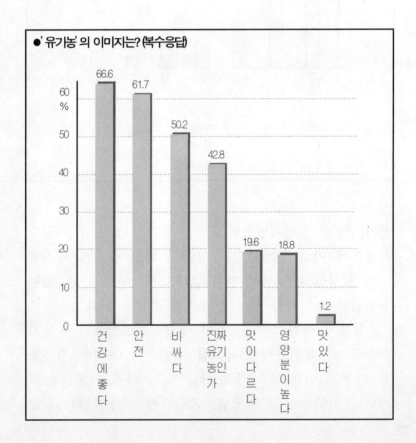

'유기농 재배'의 정의는 여러 가지가 있지만, 그중에
서 유전자변형에 관한 내용에 대해서는 확실한 견해를
밝히고 있다. 미국의 유기농산물 인정기관인 OCIA는
유기농 기준에 유전자변형 기술을 사용하지 않는다는
내용을 확실히 명기해 놓고 있다. 즉, OCIA의 기준에
바탕을 둔 유기농산물은 비유전자변형 농산물이라는 뜻
이다. 또한, 콩으로 만든 가공식품 등의 경우, 국산원료
를 사용한 제품을 사용하면 지금까지는 비유전자변형
식품이라는 인식이 짙었었다.

그러나 그 점을 적극적으로 어필할 움직임은 아직 보
여지지 않고 있다. 정부가 유전자변형식품에 대해서 안
전판정을 내리고 있고 또한 그것을 어필함으로 인해 소
비자들의 불안을 부추기는 결과를 초래하기 때문이다.
이런 상황하에서 현재 기업이나 소비자단체가 앞으로의
동향을 지켜보고 있는 것은 농림성이 추진하고 있는 유
전자변형 식품의 표시문제이다. 유전자변형 기술을 이
용했는지의 여부를 표시해 놓는다면 유기농과 같은 2차
적인 정보에서가 아니라 직접 비유전자변형 식품을 소
비자가 선택할 수가 있다. 그러나 이 문제는 '98년 현
단계에서 아직 미결로 남아있다.

그러나 국제적인 여론은 두 갈래로 나뉘어져 있다. 미
국에서는 일반적으로 표시를 의무화하지 않은 반면에
EU(유럽공동체)는 야채나 과일 등 살아있는 세포를 포
함한 식품, 또는 영양성분이 종래의 그것과 다른 식품

에 대해서 규제가 필요하다는 입장을 표명하고 있다.

비유전자변형 식품은 소비자의 선택의 권리를 보호한다는 취지에서는 수요에 따른 상품이라고는 할 수 있지만, 소비자의 수요라는 것이 어디까지인지 적절한 정보를 파악한 후에 결정하는 것이 좋다고 보는 사람도 있다. 유전자변형 기술을 전부 이해하지 못한 채 상품의 이미지에 혐오감을 느끼는 소비자도 있을 것으로 본다.

일본 몬산토사는 98년 2월, 유전자변형 농산물에 대해서 소비자들의 문의에 대응하기 위한 창구를 설치하고, 미국 몬산토사가 개발한 제초제 내성 콩 등 유전자변형 농산물이 국내외에서 개발 상황이나 인허가 문제, 또는 재배상황 등의 정보도 제공하고 있다. 또한, 일본간장협회도 유전자변형 콩에 대해 인터넷을 통한 소비자들의 문의에 대응하는 체제를 갖추었다. 이러한 시도는 매우 까다로운 작업이기는 하지만 홍보차원에 있어서 매우 효과적이라는 의견도 분분하다.

3. 유전자변형 나무가 친환경 산업의 일환이 된다

유전자변형으로 만들 수 있는 것으로는 농작물에 국한되지 않는다. 수목(樹木)도 개량할 수가 있다. 현재, 일본에서도 몇몇 연구기관들이 나무에 유전자 기술 응용을 추진하고 있다.

그 키워드가 되는 것이 '친환경 수목(樹木)'이다. 지구 환경을 지키기 위한 수퍼트리(super tree)를 개발해 내는 것이 목적이다.

다량의 종이를 생산할 수 있는 포플러나무 개발에

동경농공대학의 모로보시 기유키(諸星紀幸)교수 그룹

●동경농공대학의 유전자변형 포플러

은 유전자변형 기술을 이용해서 종이의 원료가 되는 성분 비율을 높이는 신종 포플러나무를 개발해서 농림성 산림 종합연구소의 온실에서 재배시험을 1998년부터 개시해오고 있다. 유전자변형 나무의 본격적인 재배시험은 일본 국내에서는 처음이라 한다. 이 포플러는 쓸모없는 부분이 적기 때문에 종이를 효율적으로 생산할 수 있을 것이라는 기대를 모으고 있다. 포플러를 성장시킨 후 성분을 자세히 분석해서 효과의 측정과 개량, 그리고 실용화 가능성을 여러모로 탐색하려는 계획을 가지고 있다.

개발된 포플러는 유전자변형 기술에 의해서 리그닌이라는 성분의 합성을 억제시켜 놓고 있다. 식물의 세포벽은 빌딩으로 말할 것 같으면 철근에 해당하는 세룰로스와 콘크리트에 해당하는 리그닌으로 구성되어 있는데, 여기서 종이의 원료가 되는 것이 셀룰로스이다. 모로보시 교수진은 리그닌을 합성할 때 작용하는 퍼옥시데이즈(Peroxidase)라는 효소의 유전자 안티센스 기술을 이용해서 리그닌이 합성되는 경로를 차단시켰다. 퍼옥시데이즈는 여러 가지 작용을 하는데, 그중 리그닌의 합성을 억제시키기 위해 이 유전자의 활성을 막을 수 있는 시기와 위치를 연구해낸 것이 중요한 포인트가 됐다.

유전자변형 포플러의 배아를 분석한 결과 퍼옥시데이즈의 작용을 차단시킨 포플러는 그렇지 않은 포플러보다 평균 2할 정도, 최고 5할 정도 리그닌의 양이 줄어들었다고 한다. 대학의 실험실에서 1미터 반 정도의 크기까지 자란 이 포플러는 삼림총연의 격리 온실로 옮겨졌다. 모로보시교수는 3년 걸려서 3미터 정도 성장시킨 후, 펄프를 추출한다고 한다.

나무는 토마토나 담배 등의 작물에 비해 유전자변형 기술이 뒤져 있다. 세포유전자 주입 후, 세포를 완전히 성장시키기가 어렵다는 데 그 이유가 있다. 그러나 농작물과 달리 사람이 먹는 음식이 아니기 때문에 소비자의 저항감은 적을 것이라고 보고 있다. 이대로 기술개발이 계속 추진된다면 조만간에 실용화의 열매를 거둘 수 있으리라고 본다.

에너지원스로서의 이용에 슈망

차세대의 에너지원, 식량원으로서 유전자변형 수목이 유망하다. 유전자변형 기술로서 성장이 빠른 나무를 개발해 효율적으로 식목해서 이용하는 포레스트 팜(Forest Farm)이 등장할 가능성이 있다고 모로보시 교수는 설명했다.

나무 같은 생물자원을 에너지원으로 이용한다는 것은 먼 미래의 얘기로 들릴지 모르나, 네덜란드나 스웨덴 등의 삼림국에서는 연구가 활발하게 진행 중에 있다고 한다. 나무는 차세대 연료의 후보라고 일컬어지는 메타놀의 원료가 되기 때문에 미국에서는 '메타놀 메이저'를 추구하는 벤처기업도 있다. 메타놀은 깨끗한 무공해의 연료로서 정평이 나있다. 유황분을 함유하고 있지 않기 때문에 태워도 대기오염을 일으킬 유황산화물(SO_x)을 배출하지 않는다. 즉, 분자 속에 수소를 함유하고 있는 메타놀은 천천히 타오르기 때문에 NO_x 발생량이 매우 적다. 지구온난화의 원인이 되는 이산화탄소(CO_2)의 발생률도 석유나 석탄에 비해 매우 낮기 때문에 지구환경을 생각하면 연료 중에 우등생이라 할 수 있다.

메타놀의 원료가 되는 것은 반드시 나무에 한정되어 있는 것은 아니다. 현재 화석연료인 천연가스로부터도 생산되고 있으며 헌종이, 폐기목재, 플라스틱 등으로도 만들어 낼 수가 있다.

나아가서는 CO_2를 이용하려는 연구도 진행되고 있다. 유전자변형 나무도 미래의 연료원으로서, 하나의 선택의 여지로 연구검토 중인 것은 사실이다. 유전자변형 기술로 성장이 빠른 나무를 개발할 수 있다면 나무를 이용하려는 움직임은 더욱 가속될지도 모른다.

배기가스에 강한 식물등장

배기가스에 강한 식물도 등장했다. 일본 국립환경연구소가 개발한 유전자변형 담배가 바로 그것이다. 대기오염가스의 대부분의 성분은 이산화황산(SO_2)이다. 배기가스에 강한 식물 개발은 장래 가로수 등에도 응용할 수 있을 것이라고 생각한다. 동 연구소는 이미 일본제지주식회사와 공동으로 포플러를 이용한 실험을 추진하고 있다.

일본에서는 SO_2에 의한 대기오염은 그다지 문제가 되고 있지 않지만, 개발도상국 등 오염이 심한 지역에서 가로수가 대기정화에 대단한 역할을 발휘할 날이 올지

● SO$_2$에 강한 담배
(일본국립환경연구소)

도 모른다.

환경연구소는 SO$_2$가 식물체내로 흡수되면 발생하는 활성산소라는 물질에 주목하고 있다. 활성산소는 인간에게 있어서도 세포를 노화시킨다든지 암을 유발하는 요인의 하나로 간주되고 있다. 식물에서도 활성산소는 세포에 악영향을 끼친다. 그래서 동 연구소에서는 활성산소의 운동을 억제시키는 유전자를 담배의 세포에 주입시켰다. 활성산소의 운동을 억제시켜 세포가 악영향을 받지 않게 하기 위한 작업이다. 이런 아이디어는 정확하게 적중해서 SO$_2$내성이 높은 담배가 생산되었다. 그뿐만 아니라 활성산소를 제거하는 반응회로를 수개소에서 강화시켜 놓으면 오존에 내성이 있는 담배가 생산되었다고 한다. 담배는 실험용으로 잘 이용되는 식물로서, 여기서 얻은 결과를 그대로 다른 나무나 농작물에 응용하는 것은 어렵지만, 흥미로운 연구로서 주목을 받을 것 같다. 이외에도 화분증(花粉症:꽃가루 알레르기)의 원인이 되는 삼나무를 개량해서 꽃가루의 양을 줄이는 시도도 삼림종합연구소 등에서 시작하고 있다. 나무를 유전자변형으로 개량하는 연구는 앞으로도 더욱 성황리에 추진될 것으로 보인다.

이상적인 식물개발을... 광합성연구의 진전

가전제품이나 자동차의 신제품개발에서는 에너지 절약형, 연비절감 등이 상식으로 자리매김을 하고 있다. 식물개발에서도 태양광선을 효율적으로 활용할 수 있는 품종개발이 커다란 테마이다. 대기중의 이산화탄소를 흡수해 성장도 빠른 그런 식물이 유전자변형 기술에 의해 등장할지도 모른다. 지구 온난화의 원인이 되는 이산화탄소를 감소시키고 식량증산으로도 연관되기 때문에 이런 식물을 이상적인 식물이라 한다. 식물의 생명활동을 유지시키는 '광합성'의 능력을 높이는 연구가 유전자 차원에서 추진되기 시작했다.

지구환경산업기술연구기구(RITE)는 '95년에 광합성에 관계되는 '루비스코(Rubisco)'라는 효소의 유전자를 주입한 식물을 개발했다. 변형을 하지 않은 식물에 비하면 이산화탄소를 흡수하는 능력이 약 두배 정도 된다고 한다. 광합성능력이 높은 식물개발연구에 반가운 소식이 아닐 수 없다. 태양광선과 이산화탄소를 이용해서 에너지를 만들어 내는 것은 여러 개의 효소가 반응 경로를 구성하고 있기 때문에 매우 복잡하다. '루비스코'뿐만 아니라 다른 효소를 균형 있게 강화한다면 식물은 한층 파워업 할 것임에 틀림없다. 그밖에도 옥수수처럼 원래 광합성능력이 높은 식물에서 유전자를 추출해 다른 유전자에 주입시키자는 아이디어도 속출하고 있다. 세계인구가 이대로 증가한다면 지상의 경작면적이 모자라게 될 것이라 한다. 광합성능력이 높은 식물은 인간의 이런 위기에서 구해줄 수 있는 커다란 역할을 할 것임에 틀림없다.

4.기술을 선도하는 해외기업
4.기술을 선도하는 해외기업
4.기술을 선도하는 해외기업
4.기술을 선도하는 해외기업
4.기술을 선도하는 해외기업

DNA칩, 바이오 인포머틱스,
DNA데이터베이스, ESTs,
바이오기업의 제휴·합병, 크로스 라이센스,
유전자연구와 윤리, 역차별

바이오테크놀러지 분야에서는 유럽과 미국을 중심으로 한 바이오 벤처기업이 기술개발을 주도하고 있다. 바이오 '인텔'과 '마이크로소프트'사를 목표로 하는 기업이 등장하고, 한편으로 대기업은 기술협력과 제휴·합병을 반복해 필요한 기술을 집적하여 격화되는 차세대 제품개발 경쟁에서 수위를 차지하려 하고 있다. 미국에서는 유전자기술과 사회, 윤리문제에 대해서도 활발히 논의가 진행되고 있다

1. 가속되는 칩 개발경쟁

  바이오 업계의 인텔을 향하여. 이것이 외국 바이오 벤처기업의 구호가 되었다. 단순히 대기업을 목표로 하자는 것은 아니다. 인텔이 IC(집적회로)칩으로 컴퓨터업계를 리드했듯이 손끝에 놓을 수 있는 작은 '칩'으로 의료, 농산업의 선두주자가 되겠다는 말이다. 바이오관련 대기업들도 칩 기술에 주목하여 신약개발에 칩 기술을 활용하기 시작했다. '97년 말부터 '98년에 걸쳐 미국을 중심으로 한 외국의 전문가들이 취재한 보고서를 토대로 칩 기술의 가능성과 그 과제에 대해 소개한다.

DNA칩의 충격

  바이오 분야의 칩이라 하면 어떤 것이 연상되는가? 바이오 기술에 정통한 사람이라면 산소를 사용한 센서가 먼저 머리에 떠오를 것이다. 이른바 '바이오칩'이라 불리는 것이다. 바이오칩의 연구는 현재도 꾸준히 진행되고 있으며 일부 실용화된 것도 있다.

  그러나 현재 산업계를 떠들썩하게 만들고 있는 것은 이와는 전혀 다른 타입의 칩이다. 다시 말해 센서로서 사용하는 것이 아니라 유전자와 단백질을 연구하는 일종의 기구다. 몇 타입의 칩이 이미 실용화 단계를 맞이했으며 본격적인 출시를 기다리고 있다.

그중에서도 많은 주목을 받고 있는 것이 유전자검사와 유전자해석 연구의 도구로 쓰이는 DNA칩이다. DNA칩은 기판 위에 DNA 단편이 다수 배열되어 있으며, DNA사슬이 정해진 염기배열을 지닌 DNA사슬과 결합하는 성질을 이용해서 질병의 원인이 되는 유전자의 유무와 유전자 기능을 조사하는 데 사용된다. 영국의 과학지 '네이처'와 미국의 과학지 '사이언스'에 의하면 칩 시장규모는 10억 달러에 달한다고 한다.

DNA칩 개발의 선두주자는 미국의 어피메트릭스사(캘리포니아주). 샌프란시스코에서 차로 약 1시간정도 걸리

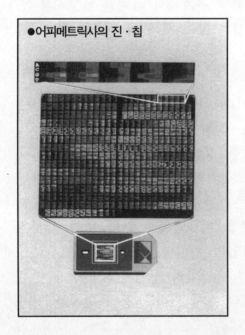

●어피메트릭사의 진·칩

는 실리콘벨리의 주력도시로서 유명한 산호세 근교에 어피메트릭스사가 있다. 그 옆에는 인터넷기술로 현저한 성장을 한 야후사의 간판도 보인다. 건물은 그다지 크지 않지만 전형적인 미국의 벤처기업이라는 느낌을 준다. 그러나 이 회사가 개발한 '진(유

전자)·칩'을 모르는 연구자는 일본에도 없을 것이다.

그만큼 진·칩의 충격은 대단했다. '사이언스', '네이처' 등의 과학전문잡지 뿐 아니라 경제지 기자도 잇달아 어피메트릭스사를 방문한다. 진·칩은 반도체기술과 바이오 기술의 정수를 구사한 하이테크의 결정판이다. 진·칩은 소형 카세트 테입 같은 케이스 안에 들어 있으므로 밖에서 보이지 않지만 반도체의 노광 기술과 DNA 기술을 접목한 구조로 되어 있다. 이 칩의 중심부분은 기판 위에 DNA단편을 여러 개 부착한 구조를 하고 있다. 진·칩과 비슷한 구조를 한 칩은 많이 있지만 어피메트릭스사는 DNA사슬을 칩에 올릴 때 반도체 기술을 이용한다는 것이 큰 특징이다. 미세한 반도체회로를 만들 때처럼 노광기술을 응용해서 칩 위에서 다양한 염기배열을 지닌 DNA사슬을 실제로 합성한다.

진·칩의 제작순서는 다음과 같다. 우선 빛을 이용해 원하는 위치에 구멍을 뚫을 수 있도록 마스크를 기판에 덮어 씌워 필요한 부문에 구멍을 뚫는다. 다음으로 구멍이 뚫린 부분에만 DNA를 구성하는 염기를 흘려보낸다. 다시 마스크를 씌우고 필요한 위치에 빛으로 구멍을 뚫은 후 이번에는 다른 염기를 흘려보낸다. 이 작업을 반복함으로써 다양한 염기배열을 지닌 DNA사슬을 기판 위의 원하는 위치에 자라게 할 수 있다.

칩을 사용한 DNA와 유전자 해석체계는 다음과 같다. 혈액과 세포 등에서 DNA를 추출해 잘게 나누어 DNA

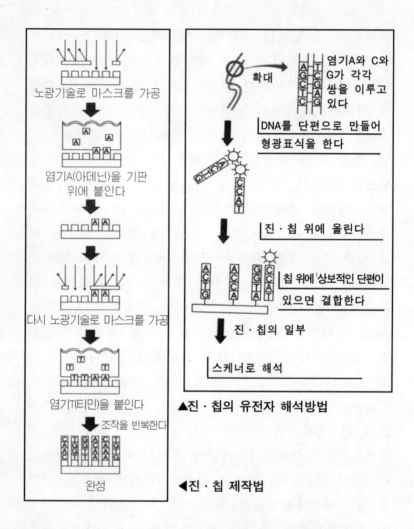

노광기술로 마스크를 가공

염기A(아데닌)을 기판
위에 붙인다

다시 노광기술로 마스크를 가공

염기T(티민)을 붙인다

조작을 반복한다

완성

◀진·칩 제작법

염기A와 C와
G가 각각
쌍을 이루고
있다

확대

DNA를 단편으로 만들어
형광표식을 한다

진·칩 위에 올린다

칩 위에 상보적인 단편이
있으면 결합한다

진·칩의 일부

스케너로 해석

▲진·칩의 유전자 해석방법

단편을 만들고 그 단편에 형광색소를 붙여서 칩 위에
올린다. 염색한 DNA단편은 칩에 올린 DNA사슬 중 대
응하는 염기배열을 지닌 단편과 결합한다. 따라서 이

기술로 '몇 천 개나 되는 유전자배열을 동시에 해석할 수 있으며, 동질의 칩을 대량으로 반복해서 만들 수 있으므로 종래의 유전자 해석방법과 비교해 볼 때 신속하고 비용도 싸다'고 어피메트릭스사는 설명한다.

검사와 연구에 이용

DNA칩의 응용분야는 넓다. 환자에게 채집한 혈액을 분석하면 어떤 유전자가 활동하고 있는지 단시간 내에 확인할 수 있다. DNA칩은 유전자검사에 유용한 방법이 될 뿐 아니라 의약품후보물질을 선발하는 작업을 효율화한다. 먼저 생각해 볼 수 있는 응용분야는 유전자 검사다. 칩을 사용하면 병의 원인이 되는 유전자가 있는지 없는지를 단시간 안에 검출할 수 있다고 한다. 칩을 양산할 수 있으면 저비용화도 가능하다.

유전자검사를 보급시키기 위해서는 검사비용을 낮추는 것이 하나의 과제가 되는데 칩은 이러한 문제를 해결하는 유용한 법이라 할 수 있다. 어피메트릭스사는 암 발생에 관계하는 유전자를 검출하는 진·칩의 시작품을 이미 완성했다. 또한 스위스에 본사가 있는 호프만·루·로슈의 미국법인인 로슈 몰레큘라 사이언시즈(Rochu Molecalar Sciences)사와 협력하여 새로운 유전자검사기술 개발을 추진하기로 합의했다.

이러한 DNA칩은 검사도구가 되기도 하지만 유전자해석을 효율적으로 할 수 있는 방법도 된다. 인간의 체내

에서 일어나는 다양한 반응은 모두 유전자에 의해 제어
된다. 언제 어떤 유전자가 작용하는지를 명백히 밝힘으
로써 의약품 개발은 일대 전환기를 맞이할 것이며, 이
미 DNA칩을 의약품개발의 기초연구에 활용하기 시작
했다. 유전자연구를 의약품개발에 적극적으로 이용하고
있는 영국의 글락소 · 웰컴사는 해외에 진출해 있는 자
사의 그룹기업에서 독자적으로 개발한 칩을 사용해 유
전자해석을 하고 있으면서 어피메트릭스사에도 출자하
고 있다. 유력한 대기업들이 칩을 사용하고자 하는 현
재의 움직임을 보면 '바이오 인텔'이라는 말에 한층 현
실성을 부여하게 한다.

특허분쟁 속출

어피메트릭스사 이외에도 DNA칩 개발을 연구하고 있
는 기업은 여럿 있다. 단, DNA단편을 올리는 방법이
다르다. 기판 위에서 DNA를 배양하는 것이 아니라 미
리 준비해 둔 DNA 단편을 스포트 형태로 올린다.

이 방법으로 칩을 만들고 있는 기업에는 신테니사(캘
리포니아주), 하이섹사(캘리포니아주) 등이 있다. 미세
한 시료를 정확하게 스포트하는 로버트를 사용해 현미
경의 슬라이드유리와 같은 기판 위에 수천 개의 DNA단
편을 배열한다. DNA칩을 둘러싼 특허분쟁도 속출하고
있다. 어피메트릭스사는 신테니사 등을 특허침해로 고소
했다. 하이섹사도 관련기술에서 어피메트릭스사를 재고

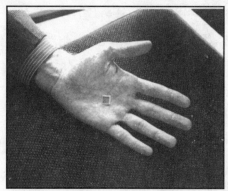

◀ 진·로직사의 DNA

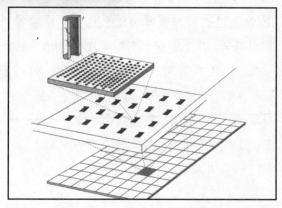

▶ 진·로직사의 3
차원 칩의 모식도

소했다. 영국의 옥스퍼드 대학의 연구자도 DNA단편을
배열하는 아이디어 자체의 독창성을 주장하고 있다.

　독특한 DNA칩도 속속 등장하고 있다. 3차원의 독특한
구조로 된 칩을 보유한 곳은 진·로직사(메릴랜드주).
칩 위에 미세한 구멍을 여러 개 뚫어 그 안에 DNA 단
편을 부착한다. 조사하고자 하는 DNA단편을 포함한 용
액을 칩에 올리면 용액은 구멍을 통해 위에서 아래로

흘러내린다. 그 과정에서 구멍 벽에 붙어 있는 DNA단편과 결합하는 체계다. 'DNA시료를 포함한 용액을 단순히 칩 위에 올리는 것보다 반응의 정확도가 높다'고 진·로직사는 설명한다. 진·로직사는 '98년 암의 유전자검사와 연구를 선도해 온 온코맷사(메릴랜드주)를 사들이는 등 활발한 움직임을 보이고 있다.

이외에도 전극일체형 칩을 개발한 나노겐사(캘리포니아주)등이 칩 개발경쟁에 참가하였다. 미 국립위생연구소(NIH)도 국가정책사업으로 칩 개발에 앞장섰다. 칩은 유전자의 기초연구, 진단에서 신약후보를 선발하는 도구에 이르기까지 폭넓은 용도로 이용된다. 그러므로 'DNA칩을 사용하지 않는 기업은 도래할 신약개발경쟁시대에 살아남을 수 없다'는 목소리도 국내외에서 나오고 있다. 국내에서도 산업자원부 및 과기부에서 DNA칩 관련 과제를 시작하였다.

일본에 진출한 미국의 DNA 칩

미국 벤처기업의 DNA칩은 일본에도 진출해 있다. 다카라주조(寶酒造)는 미국의 제네틱·마이크로·시스템스(GMS, 메사추세츠주)의 DNA칩 작성장치와 해석장치를 98년부터 판매하고 있다. 시스템 전체의 가격은 4천7백만 엔이고 '대학과 기업의 주문이 많다'. GMS사의 장치를 구입, 판매할 것을 정한 것은 다카라주조가 제조장치와 결과를 해석하는 장치, 양 분야에서 기술력을 지니고 있기 때문이다. GMS사의 장치는 DNA단편을 칩 위에 스포트할 때의 정확도도 높다.

'미국의 칩을 보고 온 결과, 가장 사용하기 쉽다고 판단했다. GMS사와 협력해서 사용하기 쉬운 칩을 국내에서도 사용할 수 있게 하고 싶었다'고 다카라주조는 말한다. 다카라주조는 앞으로 장치를 팔 뿐만 아니라 직접 장치를 사용해 사람이나 쥐의 유전자해석용 칩을 제작해서 이것을 판매하거나 고객의 주문에 따라 칩을 제작하는 사업도 할 생각이다. DNA칩은 PCR(폴리멜라제연쇄반응)에 이은 대규모 바이오 기술이라고 다카라주조는 설명한다. PCR은 DNA연구를 최대로 효율화시킨 기술로 PCR을 개발한 사람은 노벨상을 수상했다. DNA칩은 PCR과 어깨를 나란히 할 만한 기술이라 평가될 만큼 강력한 기술로 인정받고 있다.

해석 데이터의 상품화

칩과 같은 하드웨어를 판매하는 기업 외에도 해석된 DNA의 데이터를 판매하는 기업도 등장했다. '바이오 마이크로소트프'라고도 불리는 인사이트 · 파마슈티컬스사(캘리포니아주)가 그 대표적 예다. 이 회사와 손을 잡은 기업에는 미국의 암젠, 몬산토, 일라이 · 릴리, 쉐링그 · 아그레보, 영국의 그락소 · 웰컴, 제네카 등 세계적인 바이오 기업이 다수 포함되어 있다.

대기업이 주목하는 것은 인사이트사가 가지고 있는

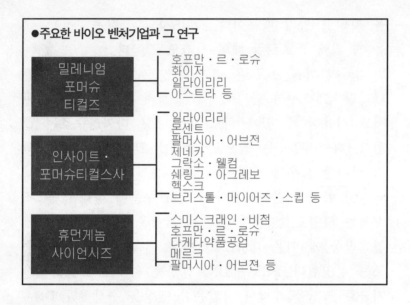

●주요한 바이오 벤처기업과 그 연구

밀레니엄 포머슈 티컬즈
- 호프만・르・로슈
- 화이저
- 일라이리리
- 아스트라 등

인사이트・ 포머슈티컬스사
- 일라이리리
- 몬센트
- 팔머시아・어브전
- 제네카
- 그락소・웰컴
- 쉐링그・아그레보
- 헥스크
- 브리스톨・마이어즈・스큅 등

휴먼게놈 사이언시즈
- 스미스크래인・비첨
- 호프만・르・로슈
- 다케다약품공업
- 메르크
- 팔머시아・어브전 등

DNA해석 데이터베이스다. 사람, 식물, 미생물 등 생물의 DNA배열을 해석해서 염기서열과 유전자의 발현(활동여부) 상태 등에 관한 데이터를 정리해서 제공하고 있다. 예를 들어 사람의 유전자 데이터베이스 '라이프 섹'에는 3백만 개를 넘는 cDNA(보조 DNA)의 염기서열 정보가 축적되어 있다. 그중 2백 3십만 개의 데이터가 인사이트사의 독자적인 데이터라 한다.

cDNA는 DNA의 긴 사슬 중에서 유전자와 직접 관계있는 부분을 추출한 DNA단편을 말하는데 DNA사슬 중에서 유전자로서 기능하고 있다고 여겨지는 영역을 RNA(리보핵산)를 거쳐 전사해서 만든다. DNA유전자의 기능을 정하기 위한 기반이 되므로 유전자에서 의약품을

만들 힌트를 얻고자 하는 기업의 입장에서 데이터베이스
는 정보의 보고(寶庫)이다. 자사에서 데이터베이스를 만
드는 방법도 있지만 외부의 데이터베이스를 이용하는 쪽
이 비용을 들이지 않고 손쉽게 정보를 얻을 수 있다.

특허문제에 대해서도 인사이트사는 바이오 영역에서
선풍을 일으키고 있다. '98년 11월, 이 회사가 미국 특허
상표청에 신청한 'cDNA의 부분적인 염기서열(익스프레
스드·시퀀스·태그=ESTs)의 특허가 성립되었다'고 하
는 뉴스가 전세계의 바이오 연구자들을 흥분시켰다. 인
사이트사의 발표에 의하면 특허가 성립된 것은 인간의
키너제(Kinase;특허번호 5817479.)에 대한 것으로, 키너
제는 약품과 질병에 대해 세포가 반응하는 과정에서 중
요한 역할을 담당한다.

문제는 ESTs가 유전자의 부분적인 염기서열에 지나
지 않아 그 기능을 완전히 알지 못한다는 점이다. 기능
도 모르고 특허를 신청하는 데 의구심을 품은 전문가들
도 많았다. 닛케이 산업소비자연구소의 한 과학 기술
전문가는 '자문단 회의'에서도 '유전자의 일부분의 특
허가 성립한다면 무작위로 컴퓨터를 통해 알아보고 특
허를 신청할 가능성이 있다. 미국이 바이오 기술을 확
보해서 선수를 치겠다는 정책적인 의도가 숨겨져 있는
것은 아닐까?' 하고 말했다. 향후 인사이트사가 계속해
서 비슷한 종류의 특허를 신청할 가능성이 있어 전문가
들은 인사이트사의 향방을 주시하고 있다.

2 농업 바이오 기업

미국의 몬산토, 영국의 제네카 등 농업분야에서 강력한 구미의 대기업이 제휴와 합병을 급속히 진행하고 있다. 유전자변형을 시작으로 하는 농업 바이오 분야는 장기적인 성장시장으로 해외의 화학회사들이 주력하고 있는 분야.

대기업들의 이러한 움직임은 농업 바이오 분야가 거액의 연구개발비를 투자해야 하고 또 복수의 기술을 확보하지 못하면 연구개발경쟁에서 승리하지 못한다는 대기업들의 우려를 반영하고 있다.

급속히 제휴·합병을 진행하고 있는 몬산토

'98년 5월, 바이오 기업과 곡물메이저가 제휴해 관계자들 사이에서 상당한 화젯거리가 되었다. 유전자변형농산물의 대명사가 된 미국의 몬산토사와 곡물메이저인 카길이 바이오테크놀러지를 이용해 곡물가공과 사료용 농산물을 공동으로 개발, 판매할 것으로 합의했다.

카길은 '양사가 손을 잡음으로써 효율적이고 환경친화적인 방법으로 식량을 증산할 수 있다'고 보고 있다. 이바라기현의 쯔쿠바시에서 '99년 1월에 열린 DNA관련 국제회의에서 몬산토사의 기술제휴 담당자는 '양사간의 기술을 제휴함으로써 보다 고품질의 사료와 식량을 생산하는 것이 목표'라고 설명했다.

몬센토사는 유전자연구와 바이오 기술로 세계를 리드하는 기업이다. 제초제에 강한 콩, 옥수수 등의 유전자변형농산물을 계속해서 전세계로 수출하고 있다. 그리고 카길은 세계 최대의 곡물상사. 곡물의 가공기술과 가공설비를 보유하고 있다.

양사가 손을 잡음으로써 종자 개발부터 사료 등의 가공품생산까지의 공정과정이 대폭 가속화되어 전례 없는 제품이 등장할 가능성이 있다.

몬산토사는 최근 몇 년간 종자 관련 회사를 잇달아 사들이고 있다. 바이오 기술이 농업분야에서는 화학기술을 대신할 것이라 보기 때문이다. 카길의 국제종자부문 외, 유니리버의 종자 자회사, 미국의 종자회사 어즈그로우·에그노믹스 등 셀 수 없이 많은 종자관련회사가 몬산토 산하에 들어갔다.

종자회사만이 아니다. 소비자의 입맛에 맞는 유전자변형농작물 제1호로서 세계적인 주목을 받았던 '플레이버 세이버'라는 토마토를 기억하고 있는 사람이 많을 것이라 생각한다.

플레이버 세이버는 성숙시키는 데 필요한 산소의 작용을 늦추도록 유전자를 가공한 '신선도가 오래 유지되는 토마토'로서 소비, 유통계에 일대 변혁을 가져올 것이라 하여 미국을 중심으로 화제를 불러일으켰다. 그래

서 플레이버 세이버를 개발한 컬진사(캘리포니아주)도
세계적으로 유명한 벤처기업으로 성장했지만 이 회사도
몬산토에 팔렸다. 기초연구분야에서도 몬산토는 벤처기
업과 계속 제휴하고 있다.

몬산토사는 유전자와 염색체 해석분야에서 실적을 올
린 밀레니엄·파마슈티컬즈사(메샤추세츠주), 유전자의
데이터베이스를 제공하는 인사이트·파마슈티컬즈사(캘
리포니아주) 등 유력한 벤처기업과 협력관계를 다지고
있어 산업에 큰 영향을 미치는 유전자변형 농작물 개발
에 필요한 기술을 개발하는 것을 목표로 한다.

유전자변형 농작물은 1990년대 중반에 상업화되어 약
3년이 지났으나 세계의 유전자변형 농작물의 경작면적
은 급속히 증가하고 있다. 몬산토사는 종자회사와 벤처
기업 등을 확보해 기술력과 판매망을 확대하여 농업바
이오 분야에서 약진할 것을 목표로 대단한 기세로 사업
을 추진하고 있다. 물론 합병이 결렬된 것도 있는데 미
국의 어메리칸 홈 프로덕트와의 합병 건이 바로 그렇
다.

이것은 340억 달러에 달하는 대규모 합병으로서 '98
년 6월에 화제를 불러일으켰지만, 합병을 발표한 지 4
개월만에 백지화되었다. 그러나 '앞으로도 몬산토가 제
휴와 합병을 모색해 갈 것은 확실하다'고 전문가들은
예측하고 있다.

자사의 기술만으로는 역부족

유전자변형 농산물 등 생명과학산업계의 일련의 활동들은 이외에도 급속히 활성화되고 있다. 다우·케미컬, 듀퐁 등 미국의 대형화학회사는 잇달아 농업 바이오 분야에 주력하기 시작했다. 이들 기업체는 벤처기업의 매수와 제휴를 통해 연구개발, 사업체제를 강화하고 있다.

유럽에서도 스위스의 노바티스가 미국 캘리포니아주에 식물유전자연구센터를 설립했고 독일의 획스트가 바이오벤처와 종자회사의 매수에 적극적으로 나섰다.

왜 농업 바이오 분야에서 이렇듯 제휴·합병이 급속히 진행되고 있는가? 그 이유는 명백하다. 유전자변형 농작물을 개발해서 상품으로 만들기까지는 다양한 기술이 필요한데 한 회사에서 모든 기술을 개발할 수 없기 때문이다. 영국의 대형 바이오 기업으로 유전자변형 농작물 개발에 적극적인 제네카는 '농업 바이오 분야는 자사의 기술만으로 개척할 수 없는 일이다'라고 분석한다.

'제네카, 몬센트, 그리고 일본 연구기관의 기술을 모두 이용한 제품이 미래 등장할 가능성이 있다'고 제네카의 농업분야 자회사인 제네카·플랜트·사이언스의 담당자는 농담조로 말했다. 그것도 쓰쿠바시에서 개최된 DNA관련 국제회의에서 그와 같이 말했다. 회의에 참가한 일본의 연구자들을 위한 겉치레 인사겠지만 현실성이 없는 말은 아니다.

예를 들어 재단법인 사가미 중앙화학연구소(相模中央
化學研究所 : 가나가와현 사가미하라시)는 몬산토 산하의
컬진사에 EPA라는 유전자 라이센스를 공여하였다.

EPA는 건강을 증진하는 작용이 있고 약으로도 인가
를 받은 물질로 DHA처럼 생선의 체내에 많이 함유되
어 있다. 사가미 중앙연구소의 야자와 이치로 수석 연
구원팀이 EPA의 유전자를 분리하는 데 성공해서 특허
화 했는데 그 라이센스를 컬진사가 이용해서 연구개발
을 진행하고 있다.

컬진사와 몬산토사는 향후 EPA를 다량 함유한 유전
자변형 옥수수와 유채씨 등을 개발, 실용화할 가능성이
있다. 이러한 계기를 만든 것이 바로 사가미 중앙연구
소다.

유전자변형 식물 하나를 보더라도 상품화하는 데 필
요한 기술은 셀 수 없이 많다. 유용한 유전자, 유전자를
도입하는 기술 등 여러 기술이 필요하다. 기술 하나 하
나에는 특허문제가 얽혀 있으므로 한 회사가 모든 연구
개발을 하기 보다 협력·제휴의 길을 택하는 편이 훨씬
효율적이다.

특히 바이오계의 선진기술은 대기업뿐 아니라 어느
특정분야에 특화해서 연구개발을 진행하는 벤처기업에
서 개발하는 경우가 많다. 대기업은 이러한 신기술을
외부로부터 도입하면서 자사의 세력을 키워가야 한다.
또한 종자회사까지 포함한 판매체제를 구축해야 애써

개발한 기술을 실용화할 수 있다.

이때 중요한 것이 타사와 교환할 수 있는 비장의 카드가 될 자사기술이다. 자사기술을 지니고 있으면 그것을 교섭시의 히든카드로서 특허의 크로스라이센스(상호이용) 등을 통해 길은 열리게 되어 있다. 유용한 유전자뿐만이 아니라 유전자를 식물에 주입하기 위한 벡터, 유전자가 정확히 삽입되었는지를 확인하는 마커 등 중요한 기술은 많이 있다.

향후 합병과 재편이 세계적으로 진행될 농업 바이오 분야에서 뒤쳐지지 않기 위해서는 타사의 기술을 뒤쫓는 것이 아니라 마지막 수단으로 사용할 수 있는 자사만의 기술을 확보해 두는 것이 급선무다.

3. 미국의 유전자연구와 윤리

유전자검사 상용서비스가 미국에서 본격화된 것은 최근 1, 2년 사이. 환자의 양해를 얻어 의사가 검사를 발주하면 수주 내에 샘플을 해석해서 결과를 보내주는 서비스체계를 다수의 기업이 확립했다.

검사대상 질병은 유전성 암과 알츠하이머형 치매증 등으로 이미 병에 걸린 사람들의 병세를 체크하는 이외에 향후의 발생위험을 예측할 수 있다는 점에서 종래의 검사와 명백히 다르다. 질환의 조기발견과 예방이라는 의학적인 이점이 기대되는 반면 보험문제, 사회에 대한 그 영향력도 무시할 수 없다. 1997년 12월에 미국에서 취재한 결과를 중심으로 보고한다.

BRCA유전자에 주목

유전자검사 상용서비스를 제공하는 기업들 중의 하나인 미국의 온코메드사(메릴랜드주)는 '94년부터 암을 타깃으로 한 검사를 개시했다.

워싱톤DC 교외의 대학을 연상시키는 소규모 실험실에 전국의 의료기관으로부터 혈액 샘플을 받아 유전자검사를 한다. 의사용 검사안내자료에는 암 관련 유전자의 명칭이 죽 나열되어 있는데 현재 수요가 많은 것은 유

DNA로 연산을?
개발이 진행 중인 DNA컴퓨터

DNA를 컴퓨터의 연산소자로 이용하는 'DNA컴퓨터'가 주목을 모으고 있다. DNA가 유전정보를 전하고 단백질을 만드는 체계를 소프트로서 컴퓨터에 도입하는 것이 아니라 용액 속의 DNA분자 자체의 화학반응으로 연산이 가능하기 때문에 반도체를 사용한 종래의 컴퓨터와는 구조나 이미지가 다르다.

이 기술에서 선두로 나선 기업은 NEC. NEC북미연구소는 DNA컴퓨터로 세계 최초로 특허를 취득했다. '차세대 컴퓨터의 새로운 대안이 될 지 모른다'고 NEC측은 설명한다. 미국의 프린스턴대학의 리처드·립튼 교수가 공개한 DNA컴퓨터의 원형을 대폭 개선한 것으로 DNA사슬을 구성하는 염기배열이 정해진 염기배열끼리 결합하는 성질을 연산에 응용하였다.

'DNA를 이용해 모든 문제가 해결 가능하다'고 NEC는 말한다. 실용화될 전망은 아직 없으나 유전자기술의 진보가 빠르기 때문에 작은 플래스크나 튜브 속에서 DNA분자가 붙었다 떨어졌다 하는 것을 기다리기만 하면 복잡한 문제가 해결될 날이 머지않아 올 것이다.

DNA컴퓨터는 '요건충족문제'와 같이 현재의 컴퓨터로 해결하기 어려운 문제들을 풀 수 있을 것이라 기대된다. 닛케이 산업소비자연구소의 자문단도 이에 동의하고 있다.

전성 유방암, 난소암과 관계가 깊은 유전자 'BRCA1', 'BRCA2' 검사다. 가족과 친척 중에 이 타입의 암에 걸린 적이 있는 여성을 대상으로 한 검사에서 발병 전에 그 병에 걸릴 가능성을 예측하는 목적에 이용된다.

어디까지나 병에 걸릴 가능성을 예측하는 것이지 검사결과가 100% 맞는 것은 아니다. 단, 가능성이 높으면 자주 검사를 받고 예방조치를 취해 출산 등의 인생설계에 도움을 줄 수 있다는 점에서 발병 전에 암과 적극적으로 싸워나 갈 수 있는 준비를 하게 해준다.

보험의 차별경계가 유전자검사 보급의 장애가 된다

조기진단이 가능하다는 점에서 이 유전자 검사는 주목을 끌었지만 막상 서비스개시 후에는 당초에 예측한 만큼 보급되지 않았다.

'첫째 원인은 한 건당 수백 달러나 되는 비용상의 문제이며 또 보험가입으로 차별을 받을지도 모른다는 불안감도 보급률을 저해하는 원인이 되고 있다(온코메드사)'. 환자에게 검사 내용을 소개하는 인터넷 홈페이지에서도 유전자검사를 받는 장점과 단점를 설명하고 있는데 그중에서 '보험관련 문제가 발생할 가능성이 있음을 미리 인지해 두어야 할 필요가 있다'고 나와 있다.

온코메드사 이외에도 상황은 비슷하다. 미국의 미리어드·제네틱스사(유타주)는 BRCA유전자 검사를 '96년에 개시했는데 수주받은 검사 수는 당초의 기대에 못

미쳤다. 역시 그 원인 중의 하나는 보험으로 차별을 받을 지도 모른다는 불안감이 있었기 때문이라 한다. 물론 이런 종류의 검사에서는 검사를 받으면 자신의 정보뿐 아니라 가족의 유전자정보까지 알려지므로 사회적으로 영향이 크다.

또한 100%로 볼 수 없는 예측정도를 어떻게 받아들이는가도 사람에 따라 다르다. BRCA 유전자검사를 윤리적인 측면에서 연구하고 있는 펜실버니아 대학 생명윤리센터의 밀드레드·쵸 조교수는 'BRCA 유전자 검사는 기대한 만큼 정확하게 발병가능성을 예측할 수 없는 기술적인 문제도 있었다'고 말한다. 그러나 역시 보험에서의 차별에 대한 불안감이 큰 것이 문제이다.

법 제정을 위한 활발한 움직임

물론 기업이 실시한 검사정보는 보험회사와 같은 제3자 기관에는 알리지 않는 것이 기본전제다. 또한 미국에서는 캘리포니아, 위스콘신 등 미국의 약 20개 주가 유전자정보를 보험회사가 이용하는 것을 제한하는 법률을 제정하고 있으며, 국회에도 보험회사가 유전자정보를 이용하는 것을 금지하는 법안이 다수 제출되어 있다. 정부도 유전자정보를 보호하기 위한 활발한 움직임을 보이고 있다.

그러나 '안전하게 프라이버시를 보호할 방법은 없다'고 국립위생연구소(NIH)와 에너지부(DOE)의 인간제놈 생명윤리 공동프로젝트인 '생명윤리 프로젝트'의 메니저 다니엘·도렐 박사는 말한다. 기업측도 아직 보호가 완전하다고 말할 수는 없어서 일각에서는 '국가에서 법을 제정해야 한다'고 주장하면서 안심하고 검사를 받을 수 있는 체제를 확립하도록 요구하고 있다.

'역차별'은 '일어날 것인가?

그러나 보험회사는 이러한 움직임에 동조하지 않고 있다. 약 250개의 기업이 가입해 있는 미국 의료보험협회는 전문위원회를 설립해서 유전자검사에 대한 대책마련을 협의해 왔다. 이 협회는 '협회에 가입한 기업은 현재 유전자검사 데이터를 이용하지 않고 있다'고 말하면서 '보험회사의 유전자정보에 대한 접근이 완전히 차단되면 보험료가 인상될 우려가 있다'고 지적한다.

미국에는 일반인에게 의료보험이 보급되어 있고 대부분의 사람들은 고용자가 요금의 대부분을 지불하는 그룹 의료보험에 가입해 있다. 이 경우 보험회사측은 유전자검사의 영향을 적게 받는다. 오히려 고용자측의 문제가 된다. 이에 반해 개인계약 보험 시장에서는 받은 사람이 고액 보험에 몰려들 우려가 있다고 한다.

이른바 '역차별'이 발생하는 것이다. 이렇게 되면 보험료를 올릴 수밖에 없다는 그룹보험과 비교해 개인가입 보험시장은 압도적으로 적지만 보험을 필요로 하는 사람이 가입할 수 없게 되는 상황은 바람직하지 못하다고 미국 의료보험협회는 판단하고 '97년 7월에 국가 차원의 규제에 반대하는 성명도 발표했다.

한편, 스탠포드 대학의 법학자이며 생명윤리연구프로그램에 참가한 헨리 그릴리 교수는 '알츠하이머형 치매증 환자의 유전자검사에서 일부 의료보험에서 역차별이 문제가 될 가능성이 있다'고 지적한다. 생명윤리연구 프로그램에서는 알츠하이머의 유전자검사를 윤리적 측면에서 연구해 왔는데, 알츠하이머의 경우 장기 개호보험(介護保險:노인복지간호보험)이 역차별의 대상이 될 소지가 있다고 보고 있다. 하지만 이외의 의료보험에서는 문제가 적어 보인다. '의료보험은 누구나 가입하기를 원한다. 심각한 역차별이 발생하는 것은 비단 가입여부를 결정할 때만 일어나는 것이다'.

현재 생명보험은 의료보험만큼 논의되고 있지 않다. DOE의 도렐박사도 '직면한 의료보험문제를 우선적으로 해결해야 한다'고 말한다. 그러나 생명보험이 역차별이 발생할 우려가 있는 개인대상 시장임은 틀림없다.

검사가 보급되면 어떤 영향이 나타날 것인가? 건강보험과 비교하면 영향이 크지 않을 것이다'라고 생명보험사 멧·라이프는 분석하고 있다. 예를 들어 어떤 암에 걸릴 가능성이 있다고 판명된 경우, 고액의 검사를 여러번 받는 등 검사비용이 들지만 이렇게 해서 병을 미연에 예방할 수 있다면 그 사람은 암에 걸릴 확률이 적은 사람과 같은 수명을 살 것이라는 이 분석의 근거이다. 단, 환자의 수는 적지만 비교적 젊은 나이에 발병해서 죽음에 이르는 유전병은 역차별의 가능성이 있다. 생명보험회사가 문제로 삼는 것이 바로 이것이다.

전미의 생명보험협회에서도 유전자검사가 생명보험에 미치는 영향에 대해 논의하고 있다. 현재 데이터는 이용하지 않는다고 하지만 '장래 유전자검사가 보급되면 그 데이터는 다른 의료정보와 동일하게 취급해서 질환의 발생해석에 이용해야 한다'는 입장을 취하고 있다. 또한 지금까지 이용해 온 다른 의료정보를 사용할 수 없게 될지도 모른다고 우려하고 있다.

유전자정보에는 유전자검사의 결과 뿐 아니라 병력, 콜레스테롤치, 혈액검사 등도 포함되어야 한다는 의견이 나오고 있기 때문이다. 의료정보를 전혀 이용할 수 없게 되면 정보로부터 질환의 발생확률을 해석해서 보험료를 정하는 보험의 기본 체계가 가능하지 못하게 된다.

재판관의 교육도

유전자검사의 영향은 보험분야에 그치지 않는다. '고용, 결혼은 물론 교육현장에서도 그 영향이 우려된다'고 도렐 박사는 말한다.

가령 머리가 좋고 나쁨의 판단기준이 될 유전자가 발견되었다고 하면 어떻게 될까? 상상을 해본다면 학교측이 원하는 학생을 유전자검사 데이터를 이용해서 학생을 모집하려는 학교가 나타날 가능성이 있다. 또 행동이 불량한 학생을 유전자로 구별해낼 수 있을지도 모른다. 그렇게 되면 유전자검사 결과를 근거로 학생을 학교에서 몰아내려는 곳도 나올 수 있다. 실제로 설령 이런 유전자가 발견되었다 해도 유전자를 알아본 것만으로 학생의 능력이나 성격까지 판정하는 것은 현실적으로 불가능하다. 그러나 결과를 확대해석해서 이용하려는 학교가 나올 가능성도 있으므로 사전에 이것을 막기 위한 대책을 마련해 두어야 한다.

이러한 문제에 대처할 수 있도록 미국 에너지부(DOC)에서는 재판관의 교육프로그램을 개시했다. 판단을 촉구하는 것이 아니라 유전자에 대한 사고를 습득하도록 돕는 것이 이 프로그램의 목적이다. 전미에서 3만 명 정도 되는 재판관 중 유전자에 대해 상세한 사람은 1천명밖에 되지 않는다고 하지만 향후 늘어날 가능성이 있는 유전자재판에서 정확한 판단을 내릴 수 있는 재판관을 조금씩 늘려갈 필요가 있다고 판단한 것이다.

유전자검사의 대상은 최종적으로 어디까지 확대될 것인가? '머리카락이나 약간의 체액으로 누가 어떤 유전자에 대해 어떤 형을 지니고 있는지를 알 수 있는 날이 20년 내에 올 것이라는 설이 연구자들 사이에서 통설이 되고 있다'고 DOE공동게놈연구소 과학디렉터인 엘버트·브랜스콤 씨는 말한다. 그렇게 되면 누구나 유전자검사의 의료상의 장점을 향유할 수 있게 된다. 예를 들어 병에 걸렸을 때 유전자 검사를 받아 개인의 유전자

에 가장 잘 맞는 타입의 약과 치료법을 병행하는 커스
텀 메이드 의료가 실현된다.

인간제놈 프로젝트로 현재 전유전자 중 4%의 유전자
서열을 해독했으며, 2003년에는 해독작업이 종료된다.
또한 최근 1, 2년 내에 염기서열 뿐 아니라 유전자의 기
능을 알아보는 연구도 본격적으로 가동되어 유전자 연
구가 새로운 국면에 접어들었다. 향후 어떤 분야에 그
영향이 나타날지 예측하기란 쉬운 일이 아니다. 그러나
조기에 사회체제를 정비해 두는 것이 검사의 보급을 앞
당기는 필수요건이 될 것이다.

LSI개발이 DNA로 바뀐다?
최소 배선을 DNA로 형성

DNA가 차세대 LSI(대규모집적회로)개발의 열쇠를 쥐고 있다는 독특한 연구성과가 등장했다. DNA를 유전정보를 전하는 물질이 아닌 기능재료로서 활용하는 것이 그 포인트다. LSI 회로를 최소화함과 동시에 미세한 배선을 어떻게 만들 것인가가 반도체기업에 있어 커다란 과제였다. DNA라는 의외의 물질이 이 문제를 해결해 줄 지도 모른다.

테크니온·이스라엘공과대학 연구팀이 영국의 과학지에 발표한 논문에 의하면 DNA를 이용해서 현재의 가공기술을 사용한 배선의 3분의 1정도의 크기로 최소 배선을 만들어도 전류가 흐르는 것을 확인했다고 한다. 이 실험에서는 2개의 전극을 이어주는 물질로서 DNA를 이용했다. DNA사슬은 대응하는 염기서열을 지닌 DNA사슬과 2중 나선구조를 만드는 성질이 있다. 두 전극에 DNA단편을 붙이고 그 위에서 전극 사이를 접속시킬 DNA를 포함한 용액을 올리면 양전극이 DNA사슬로 자연히 연결되는 시스템이다. DNA자체는 배선으로서 사용해도 전도성이 없으므로 DNA사슬에 은을 부착시켜도 현재의 가공기술을 훨씬 웃도는 미세 배선을 만들 수 있었다. 미세한 배선은 LSI 뿐만 아니라 분자를 이용한 센서, 단백질을 이용한 바이오소자 등에도 이용할 수 있다. 일본의 큐슈대학도 DNA를 배선에 사용하는 실험을 시작하였다.

5. 반격을 꾀하는 일본 연구기관의 활로는 어디에 있는가?

5. 반격을 꾀하는 일본 연구기관의
활로는 어디에 있는가?

5. 반격을 꾀하는 일본 연구기관의
활로는 어디에 있는가?

5. 반격을 꾀하는 일본 연구기관의
활로는 어디에 있는가?

5. 반격을 꾀하는 일본 연구기관의
활로는 어디에 있는가?

키워드

제놈해석, 카즈사 아카데미아파크,
남조, 바이오벤처기업, TLO, 미세가공기술,
선충, 벼 게놈해석, 게놈연구함대,
나고야 대학사건

일본의 유전자·바이오 연구는 유럽과 미국에 비해 뒤쳐졌다고 하는데 과연 반격할 대책은 있는가? 물론 일본이 자랑하는 분야도 있다. 미세(微細)가공 기술을 이용한 바이오 칩이나 벼 제놈의 해석 분야에서 큰 성과를 올리고 있다. 또한 장래에는 대학의 성과가 민간으로 이전되어 구미의 연구를 따라 잡을 수 있는 원동력이 될 것이라 기대되고 있다.

1. 제놈해석, 반격을 가하다

　일본기업은 제놈해석 분야에서 한 발 늦었다. 이것은 많은 사람들이 인정하는 바이다. '10년은 늦었다'고 한탄하는 전문가도 있다. 미국과 일본은 그 예산정도가 틀리다. 연구인원수가 다르다. 열의가 다르다. 이처럼 뒤쳐진 이유를 열거하자면 끝이 없지만 아직 반격의 여지는 있다.

높은 해석능력을 지닌 카즈사DNA 연구소

　치바현의 국철 우치보선 키사라즈역에서 택시로 약 20분, 완만한 구릉지대에 위치한 사이언스파크 '카즈사 아카데미아파크' 내에 세계 유수의 유전자 연구거점이 있다. 치바현 등이 출자한 관민 공동연구기관, 재단법인이 카즈사DNA연구소이다.

　연구동인 DNA 해석실에서는 해석장치와 컴퓨터가 즐비해 있고 기술자들이 바쁘게 돌아다닌다. 이 곳의 정경은 여타 대학이나 국립연구소의 연구시설과는 사뭇 다르다. 연구시설뿐 아니라 연구자용 숙박시설도 갖추고 있다. 아카데미아파크 내에는 국제회의를 열 수 있는 홀도 있다. 이 연구소만 보면 일본국내의 연구소 시설이 그리 낙후되지는 않은 듯하다.

카즈사 DNA 연구소는 1997년 세계의 주목을 받은 연구성과를 올렸다. 미생물의 일종이면서 광합성을 하는 남조(藻)제놈의 전 염기서열을 해독한 것이다.

남조는 제놈연구의 모델생물 중의 하나인데, 수중에 사는 식물형 미생물로 약 30억 년 전 태고의 지구에 탄생했다. 남조의 제놈을 구성하는 염기는 대략 357만개 정도가 된다. 염기배열을 자동적으로 조사하는 염기서열 결정 장치(Sequencer)를 사용해 연구자와 전문기술자의 협력으로 1년 반 동안 남조의 유전자정보 전부를 기재한 '유전자지도'를 완성했다.

식물형 미생물이므로 해독한 염기배열 중에는 광합성에 관련된 유전자 등 유용한 유전자가 포함되어 있다. 남조의 유전지도를 바탕으로 광합성능력이 뛰어난 식물을 개발할 수 있을지 모른다.

연구대상은 남조만이 아니다. 유전자변형 식물재배를

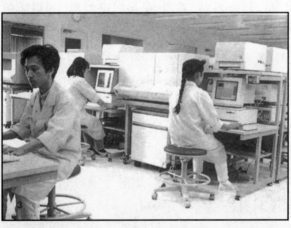

●카즈사
DNA연구소
DNA분석풍경

하기 위해 필수적인 실험용식물 애기장대(Arabidopsis)
와 인간의 제놈해석도 진행중이다. 일본기업이 뜨거운
시선을 카즈사 DNA연구소에 보내고 있는 것은 바로
이 때문이다. 구미에서는 국립연구소 외에도 벤처기업
이 제놈해석의 견인차 역할을 하고 있는 것에 반해 일
본에는 바이오 벤처기업 자체가 드물다. 그만큼 카즈사
DNA 연구소에 거는 기대는 높을 수밖에 없다.

헤릭스 연구소도 제놈연구로 성과를

카즈사 아카데미아파크 내에는 국내의 기업과 연구자
들로부터 주목을 받고 있는 또 하나의 연구기관이 있다.
일본 통산성 산하의 기반기술 연구촉진센터와 교와핫
코(協和醱酵), 스미토모화학공업, 히다치 제작소 등 10개
회사의 출자로 '96년에 설립된 헤릭스 연구소가 바로
그것이다. 헤릭스 연구소는 '제놈해석', '바이오 인포머
틱스', '바이오 테크널러지' 등 세 가지 연구부문에서
산·관·학 출신의 연구자들이 협력하여 연구를 추진하
고 있다.

연구성과도 하나 둘 올리고 있는데, 그중 하나가 기능
을 알지 못하는 '미지의 유전자'를 효율적으로 추출해
내는 기술을 개발한 것이다. 헤릭스 연구소는 제놈 중
에서도 cDNA라 불리는 유전자의 모체가 되는 부분을
완전한 형태로 추출해 내는 기술을 획득해 유전자 기능
을 정하는 연구로 그 위력을 발휘하고 있다. 종래의 방

법으로는 cDNA의 말단부분이 잘려져 기능을 해석하기
가 복잡했다

'향후의 제놈연구에서는 게놈 위에 존재하는 유전자
기능을 총망라하여 해석할 필요가 있다'고 헤릭스 연구
소는 보고 있다. 인간의 유전자는 약 10만개가 존재하
는데, 그중 기능이 알려진 것은 일부에 지나지 않는다
고 한다. 또한 기능을 모르면 의약품 개발 등의 산업에
이용할 수 없다. 그러므로 제놈 중에서 미지의 유전자
를 효율적으로 추출해 내는 기술은 기능을 결정하는 작
업을 함에 있어 큰 의미를 지닌다.

출자기업에 히타치 제작소가 가담하고 있는 것을 보
아도 알 수 있듯이 유전자 기능을 컴퓨터를 사용해서
해석하는 바이오 인포머틱스 연구도 헤릭스 연구소가

●일본의 5계 부처가 연계 추진하는 제놈(유전체)연구에 참가하는 주요기관	
관계부처	연구기관
과학기술청	물리화학연구소 제놈프런티어개척연구센터(가칭) 방사선 의학종합연구소 등
문부성	대학(동경대학의료학연구소 인간제놈해석센터등)
후생성	국립암센터 등
농림수산성	농업생물자원연구소, 축산시험장 등
통상산업성	제품평가 기술센터, 생명공학공업기술연구소 등

자랑하는 기술이다. 헤릭스 연구소에서 독립해서 바이
오 인포머틱스 연구벤처를 설립한 연구자도 있다.

카즈사 아카데미아파크 내에는 카즈사 DNA연구소,
헤릭스 연구소 이외에도 동경의 타나베 제약 연구소,
사토 제약 등 바이오 관련 기업이 몇 개나 진출해 있
다. 이런 배경 하에서 앞으로 카즈사 DNA연구소를 중
심으로 '실리콘 벨리' 못지않은 'DNA 벨리'를 만들자
는 의견도 나오고 있다. 카즈사 DNA연구소도 인간과
애기장대(Arabidopsis)의 유전자 해석결과를 인터넷을
통해 계약기업에 제공하는 서비스를 개시하는 등 민간
과의 협력을 적극적으로 추진해 나갈 생각이다.

5개 부처 연계로 반격을 가한다

일본 정부에서도 제놈연구에 앞장서기 시작했다. 과학
기술청, 문부성 등 5개 부처는 '97년 8월, 제놈관련 연
구를 연계해서 진행시킬 것을 결정했다. '너무 늦다'라
는 비판의 목소리도 높지만, 전문가들은 일단 일보전진
은 했다고 평가하고 있다. 과학기술청 산하의 물리화학
연구소가 '98년에 설치한 제놈 프런티어 개척연구센터
를 필두로 관련기관이 연구를 분담해서 효율적으로 연
구를 수행하고 있다.

그 일환으로서 통산성이 시작한 '제놈 인포머틱스'프
로젝트는 유전자의 기능을 알아보기 위한 소프트웨어와
기기를 개발하는 것을 그 목적으로 한다.

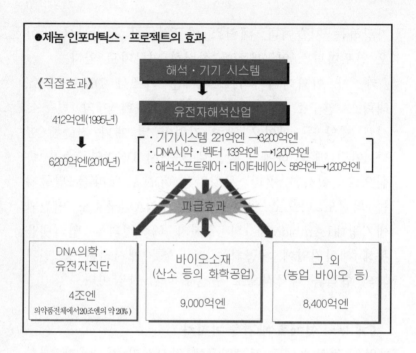

●제놈 인포머틱스 · 프로젝트의 효과

《직접효과》

해석 · 기기 시스템

412억엔(1995년)

유전자해석산업

6,200억엔(2010년)

・기기시스템 221억엔 →3,200억엔
・DNA시약 · 벡터 133억엔 →1,200억엔
・해석소프트웨어 · 데이터베이스 58억엔→1,200억엔

파급효과

DNA의학 ·
유전자진단

4조엔
의약품전체에서20조엔의 약20%)

바이오소재
(산소 등의 화학공업)

9,000억엔

그 외
(농업 바이오 등)

8,400억엔

유전자를 구성하는 염기서열을 조사하는 연구에서는 유럽과 미국에 뒤졌지만 산업에 직결되는 유전자기능의 해석 분야에서는 향후 경쟁이 본격화될 것이다. '계측기기 · 기술 등에서는 일본기업의 기술력이 높다' (통산성).

5개 부처 이외에도 일본 특허청이 유전자에 관련된 특허 심사를 효율화하기 위해 데이터베이스 작성에 나섰다. 그러나 종합적으로 고찰해 보면 국내외의 제놈연구간의 격차가 심해 연구자들 사이에 위기감이 번지고 있다. 카즈사 DNA연구소의 오이시 미쯔오(大石道夫)

소장을 포함한 산학 6인의 전문가들은 바이오 분야의
기초연구 중에서도 향후 산업응용에 대한 가치가 높은
제놈해석연구의 진행과정에 대한 긴급 의견서를 제출했
다. 의견서에 서명한 사람은 오이시 소장 외에 고베대
학 물리학부의 이소노 카츠미 교수, 교와핫코(協和醱
酵)의 오카 데츠오 전무, 나라첨단과학기술대학원 바이
오 사이언스연구과의 오가사와라 나오키 교수, 같은 대
학 마츠모토 교수, 미쯔이화학의 오노 다케다전무. 이들
은 의견서에서 정부 부처의 범위를 벗어난 종합적인 국
가전략을 책정할 것을 요구하고 있다.

침내자! 일본의 바이오벤처.

현재 일본의 산업계에서 기술의 견인차역할을 할 만
한 고도의 연구개발 능력을 지닌 벤처기업은 얼마 되지
않는다. 특히 21세기 첨단산업분야로 주목을 받고 있는
바이오 분야는 위기상황에 직면해 있다고 한다. 일본
국내에 유력한 벤처기업은 없다. 그동안 이러한 불만을
얼마나 많이 들어 왔던가?

벤처 붐이라 불렸던 시기가 지금까지 3번 산업계에
있었으나 바이오 분야에서 유력한 신기업이 출현했다는
이야기는 아직 들어 본 적이 없다. 그러나 최근 1년 동
안 조금씩 상황이 역전되기 시작했다. 연구자가 직접
기업설계에 나서기도 하고 대학에서 민간으로 기술을
이전하는 체제로 조금씩 이행되고 있다.

 과학기술청의 특수법인, 물리화학연구소의 하야자키 요시히데(林崎良英) 주임연구원은 물리화학연구소가 마련한 제도를 이용해서 유전자의 총체인 제놈해석기술을 판매하는 벤처기업을 설립했다. 하야자키씨가 설립한 회사명 'DNAform'이고 이는 DNA information(디옥시리보오스핵산정보)의 약칭이라고 한다. 자본금 1천만엔은 하야자키씨 본인을 포함한 몇 명의 유지들이 출자했다.

 하야자키씨는 제놈해석분야에서 세계적으로 알려진 저명한 연구자로 국가에서 추진중인 마우스의 cDNA해석 프로젝트의 책임자를 맡고 있는 외에도 '97년에는 DNA고속해석시스템을 개발하는 등 장치개발에 뛰어난 인물이다. 새로 설립한 회사에서는 제품, 정보, 지적 소유권 등을 팔 계획이다. '국내의 신규 바이오산업의 창출과 세계 바이오산업에의 공헌'을 주창한다. 그러나 '내가 직접 나서는 것은 아니다'라고 하야자키씨는 딱 잘라 말한다.

 물리화학연구소의 제도하에서는 회사 일에 하야자키씨가 직접 관계할 수 있다. 또한 실제로도 비슷한 시기에 설립된 다른 물리화학연구소의 벤처기업에서는 연구자가 겸업을 신청하고 있다. 하지만 하야자키씨는 자신이 설립한 회사에 관여하지 않기로 했다. 가장 큰 이유는 어렵게 설립한 회사가 '가내수공업'으로 전락할 우려가 있으므로 기업의 전문가를 사장으로 초빙해서 경영과 그 외 사원 인선 등을 일임할 계획이다.

일본에서는 한때 '학자벤처'라는 말이 기술력 있는 벤처의 대명사로 쓰이기도 했다. 연구자가 사장이 되어 자신의 기술을 상업화한다. 꿈 같은 이야기로, 화제가 될 법도 하지만 뼈를 깎는 노력 없이 성취될 리 없다. 연구자와 기술을 이해하고 있는 경영의 프로가 손을 잡음으로써 힘있는 벤처기업이 탄생한다. 미국에서도 기술을 제공하는 것은 대학과 국가연구소이고, 기업을 움직이는 것은 외부 사람들인 경우가 많다.

쯔쿠바펀드도 바이오 벤처에 투자

일본 최대의 벤처 케피털, 쟈후코가 간사회사를 맡고 있는 츠쿠바 첨단기술투자사업조합(쿠바펀드)은 '97년 6월에 설립된 이래 최초의 투자체로 바이오벤처 '핵내 수용체 연구소(가와사키시, 안도 구니오(安藤邦雄)' 사장)를 선택했다. 투자액은 2천5백만엔. '핵내수용체연구소는 대형제약회사의 연구자로 근무했던 안도씨가 '98년 4월에 자본금 1천만 엔으로 설립한 회사다.

이 회사의 목표는 당뇨병이나 고혈압증 등의 발병을 억제하는 의약품을 개발하는 것이다. 유전자로 단백질을 만들 때에는 어떤 종류의 '스위치'가 작동하는데, 그 스위치를 제어함으로써 유력한 의약품을 개발 가능하다고 생각하고 있다. 종래의 의약품과 비교해 볼 때 질병의 원인을 근본에서부터 차단할 수 있다는 것이 특징이다. 이 분야의 연구는 단백질이 핵으로 이행하여 유전자의 스위치를 제어하고 있음을 알게 된 1990년대 전반에 붐을 이루었고, 몇몇 대기업이 이 분야에서 신약 개발을 하고 있다고 한다.

이 회사의 기반 연구는 안도 사장이 개인적으로 참가를 권유한 국립연구기관의 연구자들에 의해 진행되고 있다. 현재 특허를 취득하고 논문을 발표하는 등 사업의 발판을 다지고 있다. '핵내수용체 연구소'는 신약의 임상실험을 외국에서 실시할 예정이다. 그러므로 미국, 유럽의 의사들과 연계해서 미국에서 벤처기업을 창설할 생각도 있다고 한다.

문제는 비즈니스에 뛰어난 인재가 참가하느냐 하는 것이다. 적임자가 좀처럼 나타나지 않아 걱정이라고는 하지만, 연구를 사업으로서 성공시키기 위해서는 전문가의 지혜가 반드시 필요하다. 인재를 발굴하는 것이 회사의 성장을 위해 필수적이다.

일본 국내에서도 기대를 받고 있는 벤처기업

'바이오 벤처가 국내에 없어도 별 지장이 없을 것이다'라는 의견이 일본에도 있다. 즉, 대기업이 벤처기업만이 손을 댈 수 있는 고도의 기술을 갖고자 한다면 해외의 다른 벤처기업과 손을 잡으면 된다고 이들은 주장한다.

실제로 최근 몇 년 간 일본국내의 제약회사가 미국을 중심으로 한 해외의 벤처기업에 연구자금을 제공하는 등 제휴관계를 맺는 움직임이 활발하다. 이런 배경 하에서 외국 벤처기업을 국내에 소개하는 비즈니스도 등장했다. 교와핫코(協和醱酵)가 '98년 5월 설립한 사내벤처사 레크메드사(마츠모토 타다시 사장)가 그것이다. 레크메드사는 해외 벤처기업들의 의약품 개발을 지원하고 의약품 후보 물질을 국내에 도입해 오는 일을 한다. 이미 교와핫코와 다이세이(大正)제약이 레크메드사와 계약을 맺었다.

마츠모토 사장은 연구자를 거쳐 교와핫코의 라이센스 부문에서 바이오벤처와의 제휴를 추진해 왔다. 해외교섭에도 능숙하다. 지금까지 외국 벤처기업과 손을 잡고 싶어도 상대에 대한 정보가 부족했으나, 레크메드사와 같은 서비스를 이용하면 이런 문제는 어느 정도 해결될 것이다. 그러나 장기적으로 볼 때 외국 벤처기업에 너무 의존해서는 안 된다. 왜냐하면 고용의 문제가 있기 때문이다. 대기업의 고용자는 감소경향에 놓여 있다. 이런 중에 신흥기업이 대두하여 신규고용을 창출하면 일본산업의 활성화에도 이어진다.

TLO에 집중되는 기대

외국에서는 대학과 국립연구소에서 거둔 연구성과나 특허를 사업에 응용하여 성공한 벤처기업이 다수 있다. 기초연구 성과를 산업에 응용하는 중개역할자로서 기술이전사무소(TLO)에 부과된 사명은 크다. 대학의 기초연구는 잘 되면 산업에 커다란 영향을 미치는 반면 그 실용성 유무를 파악하기가 어려워 시장이 불투명하다. 게다가 장기적인 안목으로 보아야 하므로 대기업은 손을 대기 어려운 분야이다. 일본에서도 대학의 연구성과를 산업으로 키우려는 움직임이 활발히 전개되어 왔다. 특히 사람들의 기대를 받고 있는 것이 TLO다.

 미국에서 벤처기업이 대두한 계기가 된 사건은 1980년의 '바이·돌 법'이다. 대학이 연방정부의 자금을 이용해서 연구한 성과 특허를 정부가 아닌 대학에 귀속시킨다는 것이 이 법의 주요내용이다. 전미 각지의 대학에 잇달아 TLO가 설립되어 대학의 연구성과에 대한 사업화가 본격적으로 진행되었다. 일본에서도 '98년 4월에 '대학 등 기술이전 촉진법안'이 성립되어 대학에

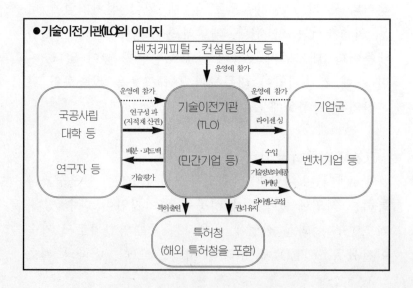

서 민간으로의 기술 이전에 주목하게 되었다.

동경대학 첨단기술 연구센터의 직원들은 '98년 8월, 대학의 연구성과를 특허로서 등록하고 민간기업에 알선하는 '첨단과학기술 인큐베이션센터'를 발족했다. 사장에는 일본경제연구소이사장인 가지타 쿠니다카씨가 취임했다. 민간기업이 지불하는 특허 사용료를 발명자와 그 소속대학 그리고 연구실에 기부하는 형태로 환원하여 새로운 연구비용에 충당한다.

이러한 시스템의 필요성에 대해 의문을 품는 연구자도 있다. TLO에 가치 없는 특허들만 모이면 방대한 유지비가 드는 데 비해 수확이 적은 상황이 발생한다. 또한 기존체제하에서는 대학과 기업이 공동연구를 하고 기업이 중심이 되어 특허를 취하는 경우가 많았다. 이 체제만으로 충분하다고 보는 견해도 있다.

하지만 기업과의 공동연구에는 예상치 못한 난관에 부딪치기도 한다. 애써 얻어낸 연구성과가 기업측의 사정으로 방치되는 경우가 그 일례이다. 대학의 연구성과를 특허화한 기업이 사업으로 키우지 못하고 타사의 참여도 막아 버리면 연구성과의 산업화는 지체되고 마는 것이다.

바이오협회가 실태조사

일본 바이오산업협회(사이토 히나타 회장)도 'TLO 설립은 대환영'(지사키 오사무 전무이사)하는 입장을

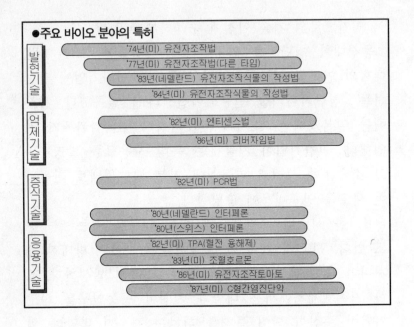

●주요 바이오 분야의 특허

발현기술
- '74년(미) 유전자조작법
- '77년(미) 유전자조작법(다른 타입)
- '83년(네델란드) 유전자조작식물의 작성법
- '84년(미) 유전자조작식물의 작성법

억제기술
- '82년(미) 엔티센스법
- '86년(미) 리버자임법

증식기술
- '82년(미) PCR법

응용기술
- '80년(네델란드) 인터페론
- '80년(스위스) 인터페론
- '82년(미) TPA(혈전 용해제)
- '83년(미) 조혈호르몬
- '86년(미) 유전자조작토마토
- '87년(미) C형간염진단약

취하고 있다. 바이오산업협회에서는 '대학의 연구성과
를 일본의 바이오산업 진흥에 활용하기 위해서'라는 제
목의 보고서를 나라(奈良)첨단과학기술대학원의 이마다
데츠(今田哲) 교수가 중심이 되어 '98년 3월 제출했다.

본 보고서에 의하면 대학의 연구자가 발명자이기도
한 바이오 특허의 출원은 감소경향에 있어 대학의 발명
위원회에 개시된 건수가 미국 대학의 15분의 1 정도라
고 한다. 또한 일본 대학, 국공립연구기관의 연구자들도
특허출원에 적극성을 보이지 않고 있다. 기업을 대상으
로 한 조사를 통해 일본국내보다 해외의 대학이 연구개
발 면에서 앞서 있으며 공동연구를 받아들일 태세도 갖

추고 있다는 사실을 알 수 있었다. 따라서 보고서에서는 국내의 대학연구자에 의한 특허출원을 장려하고 기술이전 시스템을 확립할 것을 제안하고 있다.

기초연구수준을 향상시켜야

하지만 아무리 기술이전 체계를 갖춘다 해도 기술이 없으면 기술이전은 불가능하다. 대학의 기술력에 대해 대학과 기업의 의식이 반드시 일치하는 것도 아니다. 일본의 대학에도 우수한 연구성과가 많다는 연구자들의 주장에 대해서 기업 측은 '말하기 곤란하나 우리들이 필요로 하는 기술은 극히 드물다'고 반론한다. 현 단계에서는 대학이 낳은 연구성과를 가지고 틈새시장은 공략할 수 있지만 차세대 산업의 싹을 키우는 기술을 개발하기란 간단한 일이 아니다.

물론 일부 대학의 연구자들이 기업이 필요로 하는 기술을 보유하고 있는 것도 사실이다. 최근 나고야대학 의학부의 히다카 히로요시(日高弘義) 교수가 기업에 연구성과를 제공하고 부정한 돈을 받았다는 혐의로 체포된 사건이 있었다. 법을 어긴 것은 비난받아 마땅하나 다른 관점에서 보면 교수측의 연구성과를 기업측이 매력적으로 받아들인 것이라 생각할 수 있을 것이다.

그렇지만 종합적으로 볼 때 일본과 미국의 바이오 분야의 기술격차는 여전히 크다. 향후 기초연구수준의 향상이 기술이전과 마찬가지로 커다란 과제가 될 것이다.

2. 일본의 강점인 미세(微細)가공기술을 응용

일본이 자랑하는 기술분야, 즉 미세가공과 계측장치 개발을 의료와 바이오 분야에 활용하려는 시도가 활발해지고 있다. 일본 국내에 고도의 기술을 지닌 기업과 연구기관은 많다. 반격을 가하기 위해 기업과 대학의 연구자들이 움직이기 시작했다. 최근 화제가 되고 있는 몇 가지 성과들을 소개한다.

올림퍼스가 DNA증식 칩을 개발

정밀가공기술을 자랑하는 기업들이 바이오 분야의 칩에 주목하고 있다. 그중 하나가 올림퍼스 광학공업이다.

올림퍼스 광학공업은 마이크로머신이라 불리는 미세한 기계개발로 유명한 제조업체로서 성냥개비를 감을 수 있을 만큼 자유자재로 움직이는 내시경 등 독특한 연구성과를 올리고 있다.

동경도 하치오지시(八王子市)에 있는 이 회사의 바이오 메디컬 리서치센터에서 1998년 11월, 개발중인 칩을 보았다. 실리콘 기판을 이용해서 만든 칩은 외관상 심플한 구조를 하고 있지만 그 안에는 기술의 정수가 구현되어 있다.

'수혈용 혈액에 바이러스가 혼입되어 있는지 효율적

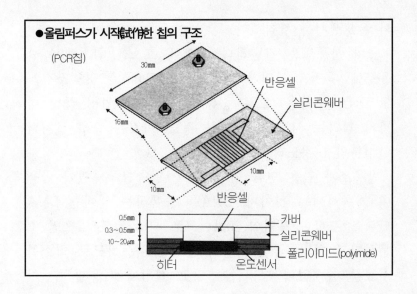

●올림퍼스가 시작(試作)한 칩의 구조

(PCR칩)

30mm

16mm

10mm

10mm

반응셀

실리콘웨버

반응셀

0.5mm
0.3~0.5mm
10~20㎛

히터   온도센서

카버
실리콘웨버
폴리이미드(polyimide)

으로 조사하기 위해 이 칩을 이용합니다'라고 세로 3 센치, 가로 1.6 센치, 두께 0.3 밀리의 칩을 손바닥 위에 올려놓고 회사의 담당자가 설명한다. 이 칩은 '폴리멜라제 연쇄반응(PCR)'을 일으키는 미세 실험장치다.

PCR은 DNA의 단편을 증식시키는 기술로서 유전자를 해석하고 유전자검사를 할 때 필수적이다. 종래의 PCR 장치는 데스크톱 컴퓨터 정도의 크기로 책상 위에 올려놓고 사용했다. 그것을 실리콘 미세가공기술을 이용해 손바닥만한 크기로 축소시킨 것이다.

칩에는 1센치 크기의 구멍이 뚫려 있다. 이 구멍이 반응조, 즉 미크로 사이즈의 비이커나 시험관에 해당한다. 구멍 밑은 수지로 막혀 있어 수지에는 박막(薄膜)히터와 온도센서를 장착했다.

칩의 사용법은 간단하다. 용액에 효소를 첨가해서 반응조에 넣으면 히터가 작동해 반응조의 온도를 조절하고 DNA를 자동적으로 증폭시킨다. 전 작업이 끝날 때까지 걸리는 시간은 약 30분 정도. 이것은 종래 장치의 약 4분의 1 정도라고 한다.

반응조가 작은 만큼 가열시간을 단축할 수 있어 반응이 가속화되는 것이다. DNA를 증폭하는 데에는 DNA 단편을 포함한 용액이 30마이크로 리터 정도 있으면 충분하다고 한다. 극히 미량의 용액을 사용하므로 희소한 시료를 쓸데없이 낭비하지 않고 실험에 사용할 수 있다.

올림퍼스는 이 칩을 수혈용 혈액의 안전성 체크에 응용 가능할 것이라 기대하고 있다. 수혈용 혈액에 바이러스가 혼입되어 있으면 위험하다. 혈액에 포함되어 있는 유전자를 칩을 사용해서 증폭하고 바이러스가 혼입되어 있는지를 유전자 수준에서 체크한다.

이 연구는 통산성의 '의료복지기기개발 프로젝트'의 일환으로서 진행되고 있으며, 칩이 의료현장에 등장하는 것은 2000년 3월 이후가 될 것이라고 전망하고 있다.

이쿠다(生田) 교수의 화학IC 구상

나고야 대학의 이쿠다 코지(生田幸士) 교수는 국내의 마이크로머신(미세기계) 연구를 리드하는 연구자의 한

사람으로, 빛을 가하면 경화되는 수지를 이용한 미세가
공법 '광조형기술(光造形技術)'이 그의 전문분야이다.

　반도체로 사용되고 있는 노광기술과 비교해 광조형기
술은 복잡한 입체구조를 자유자재로 만들 수 있다. 이러
한 특성을 살려 지극히 미세한 톱니바퀴를 시험작으로
만들기도 했다. 이쿠다 교수는 현재 바이오분야의 칩에
주력하고 있는데, 그가 이용하는 것은 광조형기술이다.
형태를 원하는 대로 만들 수 있다는 특징을 살려 종래
의 칩과는 근본적으로 발상 자체가 다른 칩을 만들려고
한다.

　현재 화제가 되고 있는 칩은 기존의 분석장치를 소형
화시킨 것이 대부분인데, 보다 범용성이 높은 칩을 만드
는 것이 그의 목표이다. 이쿠다 교수는 '향후에는 칩을
여러 개 조합해서 인공췌장이나 화학컴퓨터를 만들고

●나고야대학의 화학IC

싶다'고 말한다. 이런
이유로 칩은 '화학IC'
로 이름지었다. 최근
개발된 칩은 미량의
물질을 혼합해 반응
을 일으켜서 그 결과
를 검출하는 칩이다.
　이 칩은 실리콘제의
광센서와 증식회로
위에 3개의 유로와

반응조를 지닌 수지부분을 부착시킨 구조를 하고 있다. 시약을 유로를 통해 보내 반응조에서 혼합시키고 그 결과는 내장되어 있는 센서로 검출한다. 반응 공정과 검출 공정이 동시에 칩 위에서 이루어지는 것이 독특하다. 칩의 연구 결과는 국내외에서 주목을 받고 있다.

이쿠다 교수는 전문분야인 광조형 기술을 이용해서 컴퓨터의 설계도대로 수지에 빛을 가하고 가는 유로와 반응조를 만들었다. 바이오 분야의 칩 설계는 반도체분야의 노광기술을 사용하는 경우가 많다. 그러나 이쿠다 교수는 '광조형기술이 복잡한 구조를 간단하게 만들 수 있다'고 자신하고 있다.

미세가공과 약학연구자가 손을 잡는다

미세가공과 약학. 별로 관계없어 보이는 이 두 영역의 연구자가 바이오 분야의 칩 개발을 위해 손을 잡았다.

DNA연구가 전문인 도쿠시마대학 약학부의 바바요시노부(馬場嘉信) 교수, 미세가공이 전문분야인 와세다대학 이공학부의 쇼지 슈이치(壓子졯一) 교수, 방사광 시설을 보유한 리츠메이칸 대학의 다바타 오사무(田端修) 조교수는 DNA를 크기별로 분리하는 칩을 시작했다. 전기영동장치라 불리는 바이오연구에 있어서 중요한 장치를 소형화하여 칩 위에 올린 것이다.

이와 비슷한 칩은 미국에도 있다. 그러나 '우리가 만든 칩은 시약과 유로의 측면이 수직을 이루고 있는 것이 특징'이라고 바바 교수는 말한다. 종래에는 분석결과를 검출할 때 레이저광선을 칩 상부에 쬐어 유로(流路)를 하나하나 스캔했다. 이에 대해 새로 개발된 칩은 레이저를 칩의 측면에서 비추어 한 번 만에 결과를 검출할 수 있어 그 효율성과 정확도 면에서 우수하다.

수직의 벽이 생긴 것은 칩에 유로를 새길 때 방사광을 이용하기 때문이다. 장파가 극히 짧은 방사광은 종래의 노광기술과 비교해 미세한 구조를 정밀하게 만들수 있다는 특징을 가지고 있다.

방사광을 미세가공에 이용하는 아이디어는 반도체 미세가공계에서는 흔한 일이고 현재의 노광기술이 한계에다다를 것이라 보이는 2010년경에 실용화될 전망이다. 미츠이전기 등 반도체기업이 DRAM의 제조에 방사광을 이용할 것이다.

바바 교수팀은 이 차세대 반도체기술을 한 발 앞서 바이오 분야의 칩에 이용해서 개가를 올렸다.

공학분야의 연구자가 바이오 분야의 칩을 개발하려는 움직임은 이외에도 많다. '98년 가을에 캐나다에서 개최된 칩 관련 국제회의에는 일본의 공학자들이 다수 참가했다. 그러나 바이오 분야의 연구자와 공학연구자가 협력해서 칩을 만들고자 하는 움직임은 아직 미비한데, 그 이유는 '연구분야가 다르면 말이 통하지 않는다'라는 문제가 가로막고 있기 때문이다.

그러나 이 분야의 개발경쟁은 해외를 중심으로 격화

되고 있다. 산업에 응용할 수 있는 칩을 만들기 위해서는 공학자와 바이오 연구자가 서로 지혜를 짜낼 수 있는 체계를 갖추는 것이 무엇보다 시급하다.

DNA 칩도 일본에 등장

한편 미국에서 화제가 되고 있는 DNA 칩을 일본에서 개발하려는 움직임도 시작되었다. 히다치제작소의 관련회사인 히다치 소프트웨어 엔지니어링은 '98년 1월, 바이오 산업을 강화하기 위해 바이오 사업 추진본부를 설치했다. 당초의 목적은 DNA 칩을 중심으로 하는 기기와 소프트의 개발이었다.

DNA 칩 분야에서는 미국이 앞서고 있는 것이 사실이지만 반격의 여지는 있다고 히다치소프트웨어 엔지니어링은 전망한다. '종합적인 시스템을 구축'하는 것이 그 포인트다. 칩은 유리기판 위에 DNA단편을 수 천 개 부착한 구조를 하고 있다. DNA사슬이 정해진 염기서열을 지닌 상보적 DNA사슬과 특이하게 결합하는 성질을 이용해서 DNA를 해석한다.

칩의 구조자체는 지금까지 미국에서 개발된 칩과 별 차이가 없다. 그러나 이 회사는 칩을 사용할 때 필요한 반응장치, 해독장치, 결과를 해석하는 소프트 웨어 등을 함께 개발해서 미국에 맞설 생각이다. 미국의 유력한 칩 제조업체도 해독장치 등 칩 주변기기 기술분야에서는 고전을 면치 못하고 있다. 필요한 기술을 모두 갖추어 제공할 수 있으면 충분히 승산은 있다.

일본의 통산성도 칩 개발에 의욕을 보여 '98년도부터 칩 개발 관련 연구프로젝트를 개시했다. 일본이 강점으로 내세우는 미세가공 기술을 100% 활용하여 해외기술을 바싹 뒤쫓는 것이 목표다. 히다치소프트 웨어 엔지니어링도 이 프로젝트에 참가해서 '지금까지 미국에 없었던 타입'(히다치소프트)의 칩을 개발할 계획이다.

대학, 국립연구소는 칩의 내용을 중시

대학의 연구자들은 칩의 가공방법이 아닌 칩의 내용에 초점을 맞춘 연구에 주력하기 시작했다. DNA칩은 기판 위에 DNA단편을 배열하고 DNA가 상보적인 특정 염기서열을 지닌 단편과 결합하는 성질을 이용해서 유전자를 조사하는 도구인데, 기판 위에 어떤 DNA단편을 놓느냐에 따라 사용법이 크게 달라진다.

국립유전자연구소의 오바라 유지(小原雄治) 교수는 세계 최초로 선충(線蟲)의 DNA 칩을 개발했다. 선충은 미생물의 일종으로 유전자를 연구하기 위한 모델생물이다.

칩에는 선충의 유전자에 대응하는 약 1만 종류의 DNA단편이 부착되어 있다. 유전자연구소가 독자적으로 수집한 DNA단편들이다. 선충의 전 유전자에 대응하는 DNA단편을 체계적으로 모은 곳은 국립유전자연구소 뿐이다. 그러므로 유전자연구소 외에는 이 칩을 만들 수 없다.

'이 칩을 사용하면 선충이 발생하는 각 단계에서 어떤 유전자가 작용하는지 알 수 있다. 스트레스를 가했을 때 활성화되는 유전자도 알 수 있다'고 오바라 교수는 설명한다. 그 체계는 다음과 같다.

스트레스를 받은 선충과 스트레스를 받지 않은 선충에서 각각 유전자의 시료를 분리해 형광색소로 표식을 한 다음 칩에 부착한다. 활발하게 작용하는 유전자일수록 칩 위의 DNA단편과 많이 결합하므로 칩을 레이저로 스캔해서 결과를 검출하면 스트레스를 가함으로써 활성화된 유전자가 어떤 것인지 알아낼 수 있다.

'선충의 유전자연구'라고 하면 극히 기초적인 것이므로 산업에 아무런 관계가 없다고 여기기 쉽다. 그러나 유전자연구소의 칩에는 기업들도 주목하고 있다. 왜냐하면 선충은 미생물이지만 노화의 체계, 스트레스에 반응하는 체계 등 기본적인 생명활동 체계가 인간과 비슷하기 때문이다. 선충 칩은 약 후보물질의 스크리닝(선발작업) 등에도 이용할 수 있다.

한편 동경대학 의과학연구소, 다케다(武田) 약품공업 등은 인간의 유전자해석에 사용하는 칩을 개발 중이다. 질병에 관계하는 유전자를 찾아내어 치료약 개발에 이용하고자 하는 것이 그 목적이다. 이 그룹들이 중시하고 있는 것도 칩에 부착한 DNA단편의 내용물이다. 유전자 전체에 대응하는 완전한 DNA단편을 수집해서 칩에 부착하는 것이 목표다. 현재까지 인간의 DNA단편을 부착시킨 칩은 미국을 중심으로 몇 개나 개발되었지만 칩에 부착한 DNA단편은 완전한 길이가 아니었다.

완전한 DNA단편을 부착한 칩을 사용하면 칩을 사용한 실험에서 중요한 유전자를 발견한 그 다음 작업이 원활히 진행된다. 중요 유전자의 기능을 비교적 간단히 알아낼 수 있는 것이다. 유전자연구는 향후 유전자의 기능을 정하는 연구가 주류를 이룬다. 그러므로 일본은 유전자의 기능을 알기 쉬운 칩을 개발하여 미국을 따라 잡으려 하는 것이다.

고도의 기술을 보유한 히다치(日立)제작소

일본에도 고도의 기술력을 지닌 기업이 있다. 대부분의 전문가들이 가장 먼저 거론하는 곳이 히다치제작소다. 히다치제작소의 바이오 사업의 규모는 크지 않지만 고도의 연구개발능력을 지니고 있다. 일본기업은 바이오 기술에 있어서는 외국을 도저히 따라 잡을 수 없다고 하지만 히다치만은 특별 대우를 받고 있다.

가령 마이크로 캐필러리 기술이라 불리는 유전자분석 기술을 들어보자. 이 기술로 DNA를 분리하기 위한 젤을 안에 채운 직경 0.1 미리미터의 유리세관을 여러 개 배열한 구조로 된 장치를 사용해 유전자를 신속하게 분석할 수 있다. 한 번에 여러 시료를 쓸 수 있는 것도 특징이다.

마이크로 캐필러리 기술은 DNA염기서열을 정할 뿐

아니라 유전자의 발현을 해석하는 연구에도 이용된다. 이 기술은 세계에서도 주목을 받고 있어 히다치제작소의 전문가들은 유전자관련 국제회의가 열릴 때마다 불려갈 정도다.

히다치는 '98년 2월 이후 유전자해석장치로 퍼킨엘머사와 공동으로 유전자분석시스템을 개발하여 실용화중인데, '그것은 사업부의 영역이고 연구소에서는 독자적인 새기술개발을 목표로 하고 있다'.

히다치는 해석장치기술 뿐만 아니라 바이오 인포머틱스의 소프트 웨어 개발과 유전자해석 서비스분야에도 진출해 있다. 의료, 바이오관련기업과 우호적인 협력관계를 구축하면서 비즈니스 아이디어를 찾아내기만 하면 제놈산업분야에서 중심적인 위치를 점하는 기업으로서 향후 주목을 받을 것이다.

3. '벼 게놈계획'으로 주도권을

세계인구의 절반 정도가 쌀을 주식으로 하고 있다. 수
확량이 많은 벼, 환경조건이 나빠도 잘 자라는 벼를 생
산할 수 있다면 그 영향력은 상당하다. 바로 '벼 제놈계
획'이 이를 위한 기반기술이 될 것이다. '벼 제놈계획'은
인간제놈계획의 식물판으로 일본에서는 1991년 국가프
로젝트로서 벼의 유전자를 해독하는 연구가 시작되었다.

4억이 넘는 염기쌍을 해독

벼 제놈해석은 일본이 앞서 있다. 국가프로젝트로 연
구해온 경험도 있으므로 이제는 유전자가 염색체 상의
어느 위치에 놓여 있는지를 정하는 제1단계에서 DNA
염기서열을 정하는 제2단계로 연구가 이행되었다. 핵심
연구거점은 일본의 농림수산성 산하의 농림수산첨단기
술연구(STAFF). 연구를 총괄지휘하는 것은 농림성 농
업생물자원연구소가 담당하고 있다.

최종적인 목표는 4억이 넘는 벼의 유전정보를 전부
해독하는 일이다. 인간게놈에는 질병을 일으키는 데 관
련된 정보, 체형에 관련된 정보 등이 기록되어 있는데
벼의 경우도 그렇다. 질병에 대한 저항성, 길이, 광합성
등을 억제하는 유전자 정보가 벼 게놈에 가득하다.

그리고 이 중에는 여타의 식물들과 공통되는 부분이

많이 있으므로 인간 제놈과 마찬가지로 벼 제놈에는 무한한 보물이 숨겨져 있다.

식물은 농작물로서 고래로부터 재배해 왔으므로 그 내용물에 대해 상당히 많이 알고 있는 것 같지만 오히려 알려지지 않은 부분이 많다. 유전자수준에서 식물의 생장과 활동을 제어하기 위해서는 아직 방대한 연구가 필요하다.

현재 유전자변형 식물은 하나의 유전자를 조작해서 만들고 있다. 해충에 저항성이 있는 유채 씨, 제초제에 내성이 있는 옥수수, 오랜 신선도를 유지하는 토마토 등은 모두 단일 유전자를 조작해서 만들었다. 그러나 식물의 생명활동을 유지하는 기본현상에 인간이 손을 대기 위해서는 식물의 생장체계를 유전자수준에서 해명할 필요가 있다.

식물이 빛을 이용해서 에너지를 만들어 내는 광합성작용, 이산화탄소를 고정하는 반응, 계절에 따른 낮 길이의 차를 이용해서 개화시기를 정하는 구조 등에는 여러 가지 효소가 관계하고 있다. 효소가 콘베이어 시스템처럼 여러 반응을 담당하여 식물의 생명을 유지시킨다.

따라서 이에 관계하는 유전자도 하나일 리 없으므로 인위적으로 수정을 가하려 할 때는 여러 유전자의 작용을 제어할 필요가 있다. 가령 하나의 유전자를 선정해서 그 유전자의 작용을 강화시켜도 반응회로 내의 다른 유전자에 손도 대지 못한다면 효과를 충분히 내지 못할 가능성이 있다. 따라서 벼의 생명현상을 유전자수준에서 해명하고 어떤 유전자가 어떤 작용을 하는지 알아내는 작업이 필수 불가결하다.

벼의 '유전자지도'를 만들면 유용한 유전자를 발견하기 쉽고 유전자간의 관계도 알 수있다. 추위에 견디는 성질, 쌀을 많이 열리게 하는 성질 등을 지닌 유전자변형 벼를 생산하기 위한 실마리를 얻을 수 있다. 향후 인구가 계속 증가하면 쌀도 증산해야 하나 경지면적은 한정되어 있다. 다양한 환경조건에서 생육 가능한, 그리고 질병에도 강한 수확량이 많은 벼를 반드시 개발해야한다. 이를 위해서 벼 제놈 정보를 밝힐 필요가 있는 것이다.

벼 제놈계획에 주력하고 있는 것은 일본만이 아니다. 미국, 유럽연합(EU)도 벼의 유전자정보를 매력적으로 받아들이고 있다. 벼의 유전자정보는 유전자변형 벼를 만드는 기반이 될 뿐 아니라 밀이나 옥수수 등 단자엽류라 불리는 식물과 공통되는 부분이 많기 때문이다. 벼 제놈해석은 지금까지 일본이 리드해 왔지만 앞으로 경쟁은 격화될 것이다.

'97년에는 벼 제놈연구를 국제협력으로 진행할 것을 정했다. 여기서 총괄자는 일본이다. 미국과 유럽연합(EU), 중국, 한국이 분담해서 10년 후를 목표로 벼의 모든 유전자정보를 해독한다.

생물의 유전자 전체를 해독하는 제놈프로젝트 중에서

벼는 일본이 리드하는 몇 안 되는 분야 중의 하나다. 그러므로 일본은 반드시 이 분야에서 주도권을 잡아야 할 것이다.

하지만 미국이 최근 수년간 빠른 속도로 식물의 제놈 해석을 추진하고 있다. 옥수수, 밀 외에 벼도 주요한 연구대상이다. 미국이 인간제놈을 해석하는 기세로 벼 제놈해석 작업에 나선다면 일본이 금방 따라 잡힐 가능성도 있다.

중요 특허취득 경쟁

'바이오 농산물의 유전자특허를 기린맥주가 영국의 제네카에 공여한다'. 이런 기사가 닛케이산업신문의 일면에 게재된 것은 '98년 4월의 일이었다. 지면을 훑어보던 일본 특허청의 어느 직원은 이 기사를 보고 무릎을 쳤다고 한다.

지금까지 유전자관련 특허는 국내기업이 해외에 라이센스료를 지불하는 입장이었다. 21세기를 '기술무역의 시대'라 위상 짓는 특허청의 입장에서 생각해 보면 바이오 분야의 '기술무역수지'가 언제나 적자를 내는 것이 답답한 노릇이었다. 그런 와중에 기린이 세계에서도 유명한 화학계의 대기업에 한 방 날렸으니 박수를 보내고 싶었던 것은 이해할 만하다.

기린이 사용권을 공여한 것은 녹황색야채에 함유되어 있어 건강에 좋다는 '베타카로틴' 등의 카로티노이드류를 생산하는데 필요한 핵심 유전자로 토양 내의 미생물에서 이 유전자를 발견했다. 일본, 미국, 유럽에서 이 특허를 취득했다고 한다. 제네카는 기린의 유전자를 사용하여 영양가 높은 가공용 토마토, 양상치, 바나나 등의 개발을 목표로 하고 있다.

이와 같은 유전자변형식물의 개발에서도 유력한 특허를 확보하고 있으면 해외기업과 충분히 겨룰 수 있다. 기린은 이 외에도 바이러스 내성유전자, 냉해 내성유전자의 특허를 보유하고 있다. 이들 유전자를 매개로 해외의 유력한 기업들과 크로스라이센스 계약을 맺으면 유전자변형식물 분야에서 우위에 설 수 있다.

●다카라주조의 소형 토마토

다카라주조도 산업에 미칠 영향력이 큰 유전자를 입수했다. 식물의 생장을 제어하는 유전자로 '광범위한 식물에 대해 특허를 확보했다'(가토 이쿠노신 加藤郁之進전무).

유전자변형기술을 이용해서 이 유전자의 작용을 억제한 토마토를 만들었더니 크기는 작지만 속이 꽉 찬 토

마토가 탄생했다. 아직은 실험실에서 연구하는 단계이
므로 맛을 볼 수 없지만 물에 띄우면 그 차는 확실하다
고 한다. 생장을 억제한 토마토는 가라앉고 보통 토마
토는 물 위에 뜬다.

일본담배산업(JT)도 타 기업이 탐낼 만한 기술을 손
에 넣었다. JT의 경우, 주목을 받고 있는 것은 유전자
자체가 아니라 유전자를 식물에 주입하기 위한 벡터인
데 이것은 아그로 박테리움이라는 식물에 감염되는 세
균의 유전자를 개량해서 만들었다. 아그로 박테리움을
이용한 벡터 자체는 희귀한 것이 아니지만 JT는 이겻
을 벼에 감염되기 쉽도록 개량했다. 담배의 싹이 나올
때 쌍잎이 되는 쌍자엽류와 비교해 벼와 같이 잎을 하
나만 가지는 단자엽류는 아그로 박테리움에 감염되기
어렵고 유전자변형식물을 만들기 어렵다는 난점이 있었
다. 이 난점을 해결함으로써 밀, 옥수수 등을 유전자변
환으로 만들고자 하는 기업들 사이에서 커다란 화제를
불러 일으켰다.

유전자변형식물을 실용화하는 면에서는 뒤진 일본기
업이지만 기린이나 다카라주조, JT와 같이 모두가 탐낼
만한 유전자를 손에 넣으면 대기업과 맞설 수 있다. 식
물바이오 분야에서 외국기업을 뒤쫓기 위해서는 목표를
정해 유용한 유전자를 발견하고 타사보다 한 발 앞서는
기술을 개발해야 한다.

4.수입의존에서 벗어나기 위한 유전자치료기술

현재 일본에서 실시되고 있는 유전자치료는 이른바 '직수입품'이다. 치료에 사용되는 도구를 해외기업에 의존하고 있으므로 안전성 검사도 해외에 의존하고 있는 실정이다. 이런 이유로 일본의 독자적 기술로 유전자치료를 하자는 목소리도 높아지고 있다.

유전자치료는 아직 실험의료의 영역을 벗어나지 못했으므로 대상이 되는 질병은 선천성 병이나 상당히 진행된 암이 대부분이다. 1998년 말부터 동맥경화까지 치료대상 질병의 범위가 확대되었지만 일반적인 치료는 아직 멀었으며 일본국내기업은 비즈니스로서 그다지 매력을 느끼지 못하고 있다. 이런 상황 속에서도 일본의 몇 개 기관에서 유력한 성과를 내기 시작했다.

국산 벡터를 만들자! 관민출자 디나벡 연구소
이바라기현 쯔쿠바시에 있는 히사미츠(久光)제약의 연구소 내에 있는 것이 관민공동출자로 설립된 벤처기업 디나벡 연구소(나카토미 히로다카 사장)다.

영어로 표기하면 'DNAVEC'. VEC은 유전자를 세포 내에 운반하는 '벡터'의 약칭이다. 회사명에서도 짐작할 수 있듯이 현재 디나벡연구소에서는 30명의 연구원이 국산 벡터개발에 힘쓰고 있다. 벡터는 질병치료에 사용하는 유전자를 목표로 하는 세포에 주입하기 위한 '운반매개체'로 유전자치료의 중요한 구성요소이다. 유전자치료를 보급하기 위해서는 안전하고 효과있는 벡터를 만들어 내야 한다.

　인간에게 해를 끼치지 않도록 가공한 바이러스를 사용하는 것이 일반적이나 지금까지 각종실험, 임상연구에 사용된 것은 대부분이 미국제였다. 안전성심사와 번거로운 과정을 고려해 보면 일본에서 유전자치료가 정착되기 위해 국산벡터를 개발할 필요가 있다는 목소리가 높아지고 있다.

　디나벡연구소는 1995년 이러한 필요성을 절감한 히사미츠제약과 교와핫코 등의 7개 회사와 일본 후생성 소관의 의약품부작용 피해구제·연구진흥조사기구의 공동출자로 설립되었다. 디나벡연구소가 현재 주력하고 있는 것이 '센다이 바이러스'를 이용한 벡터의 개발이다.

　바이러스를 이용한 벡터는 이 외에도 있으나 '보다 안전성이 높은 것이 특징'이라며 하세가와 마모루(長谷川護) 소장은 설명한다. 디나벡연구소는 동경대학 의과학연구소의 기초연구 성과를 토대로 벡터개발을 시작했다. 시험관 내 실험에서는 벡터로서 기능하는 것을 검증했고 이제 본격적인 동물실험을 개시한다고 한다.

식물의 힘으로 토양을 깨끗이.

21세기의 환경복원기술은 식물의 힘을 이용해 화학물질이나 중금속을 토양과 물에서 제거하는 '식물수복(파이토리메디에이션;Phytoremediation) 기술'이 비용이 적게 들어 일반인들에게도 호감을 얻기 쉬운 환경 수복기술로서 주목을 끌고 있다. '브래시커·준시아'라 불리는 식물은 유황, 납, 니켈 등의 중금속을 뿌리를 통해 흡수한다. 최대한도로 오염물질을 흡수시켜 식물을 잘라내면 토양과 물에서 오염물질을 제거할 수 있다.

포플러와 같이 오염물질을 여과하는 필터의 기능을 하는 식물도 있다. 미국 오리곤주의 우드번시는 수년 전, 시영의 오수처리장 8.3에이커에 걸친 구획에 포플러나무를 심었다. 배수로부터 초산염을 흡수시키는 '필터'로 포플러를 활용하기 위해서였다. 인공설비를 건설, 유지하는 것보다 훨씬 비용이 싸고 외관도 좋다. 필터의 역할을 다하면 포플러를 베어 종이나 목재의 원료로 쓸 수 있다. 테스트 결과가 좋아 우드번시는 이후 300에이커의 구획에 2500만 달러를 들여 포플러류를 심었다.

현재는 보통 식물을 사용하고 있지만 유전자변형기술을 응용하면 오염물질을 흡수, 축적하는 능력을 높일 수 있다. 자연의 힘과 인간의 지혜를 결합한 환경수복작전이 펼쳐질 날도 그리 멀지 않았다.

다카라주조(寶酒造)의 기술은 미국에서 임상응용으로

일본 국내의 순수한 민간기업 중에서 유전자치료 분야에서 기염을 토하고 있는 것이 다카라주조다. 다카라주조가 개발하고 있는 것은 벡터가 아니라 치료에 필요한 유전자를 세포에 효율적으로 주입할 수 있는 기술로 '파이브로 넥틴'이라는 단백질 단편을 이용한다.

미국에서는 유전자치료 임상실험에서 좋은 성적을 거두지 못한 연구팀이 다카라주조의 기술을 사용해서 실험에 재도전하려는 움직임을 보이고 있다.

'면역세포에 선천적인 결함이 있는 환자를 대상으로 인디아나대학이 당사의 기술을 이용한 소규모 실험을 실시해서 성공했다. 가까운 시일 내에 더욱 큰 규모의 실험을 할 것이다'라고 카토 이쿠노신 전무는 자신 있게 말한다.

이 외에도 파이브로 넥틴을 사용한 임상실험은 계속 진행되고 있다. '98년 3월, 다카라주조의 바이오 연구소와 미 국립위생연구소(NIH)산하의 알레르기감염증연구소가 만성육아종증에 걸린 환자를 대상으로 유전자치료 임상실험을 실시했다.

만성육아종증은 백혈구에 선천적인 결함이 있어 면역력이 저하되는 질병인데 환자는 세균에 의한 감염증에 반복해서 감염된다.

환자 수는 미국에 약 300명, 일본에 약 200명이 된다. 만성육아종증의 근본적인 치료법은 아직 확립되지 않았

●의약품기구 출자제도의 실적 예	
[타게팅 DDS에 관한 연구개발(당질담체 등을 중심으로 한다)]	디디에스 연구실
[옵트일렉트로닉스기술을 이용한 의료용 바이오센서의 연구개발]	바이오센서연구소
[세포내활성물질(약효.단백질)의 분리정제기술의 연구개발]	사이트시그널 연구소
[하이브리드화 고성능소구경인공혈관에 관한 연구개발]	인공혈관기술연구센터
[비침습성 생체기능진단시스템의 연구개발]	생체기능연구소
[피부생리기구의 해명을 기초로 한 신규피부부활물질과 바이오엑티브 약물투여시스템에 관한 연구개발]	어드밴스드스킨 리서치연구소
[동맥경화의 진단·치료를 위한 모델계와 특이인식항체에 관한 연구개발]	벳셀리서치·연구소
[차세대 페이스메이커의 연구개발]	카디오페싱리서치연구소
[바이러스항체약 제조를 위한 기반기술에 관한 연구개발]	제약기술연구소
[스트레스유전자의 이용에 의한 의약품개발의 기반연구]	에이치·에스·피연구소
[노화 및 노화를 동반한 질환의 발생메커니즘의 해명과 관련 의약품개발에의 응용에 관한 기초연구]	에이진 연구소
[유전자치료제제의 연구]	디나벡 연구소
[게놈정보를 기반으로 한 전략적인 제약과학의 수립]	제녹스 제약연구소
[치매질환치료약개발을 위한 기반연구]	비에프 연구

다. 뇌종양에 대해서도 미국의 인디아나대학 의학부가 다카라주조의 기술을 이용해 임상실험을 실시하고 있다. 다카라주조의 기술은 서서히 미국 내에서 평가를 얻고 있다.

파이브로 넥틴을 사용하면 왜 치료가 잘 되는가? 유전자 치료시에는 유전자를 도입하는 세포로 골수 안에 있는 조혈간세포라는 세포를 택하는 경우가 많은데 유전자의 운반매체가 되는 벡터와 조혈간세포를 배양해도 세포가 유전자를 받아들이지 않는 경우가 많다. 이에 대해 파이브로 넥틴의 단편을 치료용 유전자와 함께 배양하면 100%에 가까운 효율로 유전자를 삽입시킬 수 있다.

다카라주조는 파이브로 넥틴 단편을 유전자변형으로 양산하는 데 성공하여 '레트로 넥틴'이라는 상품명으로 판매하고 있다.

일본기업의 본격적인 등장은 지금부터

그러나 다카라주조 이외의 일본기업 중에서 유전자치료 기술개발에 본격적으로 나선 기업은 적다. 장래의 시장을 예측할 수 없기 때문에 유전자치료는 제약기업이 좀처럼 손을 뻗기 어려운 분야임에 틀림없다. 특히 바이러스를 사용한 벡터를 개발, 생산하기 위해서는 종래의 의약품에 사용되는 방법과 전혀 다른 방법이 필요하다. 임상실험단계에 있는 유전자치료도 병원이 주도하는 경우가 일반적이다. 기업이 착수하기 어려운 면도 있다.

해외에서도 대기업이 유전자치료용 기술을 직접 개발하는 경우는 그리 많지 않다. 이 영역은 벤처기업이 맡고 있다. 몇 개의 벤처기업이 치료용 벡터 개발, 제조판매에 나섰다. 관민공동출자로 디나벡 연구소를 설립한 것은 이 영역에서 어떻게든 독자적인 성과를 올리기 위한 것이지만 디나벡 연구소 자체는 시한부 기업으로 2002년에는 활동을 종료한다.

그때 디나벡 연구소가 개발한 기술을 계속 이어받아
임상실험, 실용화로 이끌어 갈 기업이 일본에 있을지
현재로서는 알 수 없다. 해외기업이 디나벡 연구소의
기술을 사서 기술을 보급할 가능성도 충분히 있다.

유전자치료가 보급단계에 들어서면 치료의 대상이 되
는 질병의 범위가 상당히 확대될 가능성이 있다. 안전
성이 높은 벡터를 만들면 치료 대상은 일반적인 암, 뇌
신경질환 등으로 확대될 가능성이 크다. 이러한 움직임
은 이미 시작되었다. '98년 12월에는 오사카 대학의 연
구팀이 달리 치료법이 없었던 동맥경화 환자에 대해 유
전자치료를 실시할 계획을 오사카 대학의 윤리위원회에
신청했다.

닛케이산업소비연구소의 전문가로 구성된 신기술평가
위원회에서도 '유전자치료는 부작용이 일어난 경우가
없었으므로 향후 치료의 범위가 확대될 것이다. 앞으로
는 기술적인 과제뿐만이 아니라 보험적용 여부도 포함
해서 검토해야 할 것이다'라는 의견이 위원들 사이에서
나오고 있다. 이때 유전자치료에 필요한 기술개발은 비
즈니스를 고려할 때 무시할 수 없다. 일본기업도 대책
을 세워둘 필요가 있다.

대학을 중심으로 기초성과가

대학에서 독자적인 기술이 등장하고 있다. 나고야대학
의 연구그룹은 뇌종양 유전자치료를 계획하고 있다. 종

래의 유전자치료에서는 바이러스를 개조한 벡터를 사용해서 유전자를 세포에 삽입시켰지만, 나고야 대학의 방식으로는 미세한 진공구에 약이 될 유전자를 넣고 암세포에 삽입시킨다. 이 치료법은 나고야 대학의 의학부내의 심사위원회가 '97년 10월에 치료실시에 동의하고 그후 국가차원에서도 심사가 진행되고 있다. 바이러스를 사용하지 않는 유전자치료는 외국에서도 드물다.

바이러스 대신에 사용하는 구의 크기는 직경이 수천분의 1밀리 정도 되고 수지로 되어 있다. 즉, 유전자를 세포 내에 옮기는 미세한 캅셀이라 볼 수 있다. 치료시에는 '리포솜' 입자에 항암작용이 있는 인터페론 유전자를 봉입하여 암환자에게 주사한다.

암세포가 리포솜을 삼키면 세포 안에서 인터페론이 생산되어 암세포가 죽게되는 구조다. 리포솜을 사용하는 이점은 안전성에 있다. 바이러스를 개조한 벡터는 사용하는 바이러스가 체내에서 부작용을 일으키지 않도록 수정을 가한 것이고 증식하는 능력도 제거했다. 그러나 환자의 체내에서 바이러스의 기능을 회복하면 부작용을 일으킬 우려가 있다. 단지 용기의 역할만 하는 리포솜이라면 이런 문제는 없다.

나고야 대학 이외에도 리포솜과 같은 바이러스를 사용하지 않는 인공벡터를 개발하는 움직임은 활발하다. 하지만 현시점에서는 바이러스를 개조한 벡터가 효율성이 높다. 그러므로 유전자치료는 우선 바이러스를 사용

한 벡터로부터 시작하여 점차 리포솜 등의 인공벡터가
늘어갈 것이라고 전문가는 말한다. '바이러스를 사용하
지 않은 성능 좋은 인공벡터를 개발하면 기업이 재빨리
실용화에 나설 가능성이 있다'고 디나벡 연구소 소장은
전망한다.

　인공벡터는 개조바이러스 벡터와 비교해서 생산방법
이 기존의 의약품과 비슷하기 때문에 기업이 손을 대기
쉽다. 이런 의미에서도 나고야 대학의 임상실험에 뜨거
운 시선이 보내지고 있는 것이다.

　유전자치료기술의 개발은 활성화되고 있다. 오사카 대
학 그룹은 센다이(仙臺) 바이러스의 표면에 있는 단백
질을 리포솜과 결합시킨 신형 바이러스를 개발했다. 동
경대학 의과학연구 90소도 아데노바이러스를 사용한 벡
터 개발로 실적을 올렸다.

　그러나 유전자치료가 본격적으로 보급되기 위해서는
기업이 지속적으로 연구에 참여해야 한다. 따라서 대학
의 연구자들 중에는 기업과의 공동연구를 희망하는 사
람들이 나오고 있다.

<철저토론> 일본의 활로는 어디에 있는가?

일본의 바이오 연구는 외국에 비해 뒤쳐진 감이 있다. 특히 인간제놈연구에서 위기감이 번지고 있다. 정부부처의 틀에서 벗어나 협력체제를 구축하자는 움직임도 나타났지만 아직 충분한 대책을 세웠다고 말할 수 없다. 현 상황에 위기감을 느낀 제놈 전문가들을 초빙해 향후의 방향에 대한 기탄 없는 의견을 토로할 수 있는 자리를 마련했다. 그 토론의 일부를 여기에 소개한다. 참가자는 이하의 멤버들이다.

이토 세이가 교와핫코 대표이사·연구개발본부장
· 약 천명의 연구개발진을 리드하고 있는 교와핫코의 핵심
오타키 요시히로(大瀧義博)JAFCO투자조사부 특별고문
· 유럽 일대를 돌면서 바이오기술의 흐름을 파악하고 돌아온 벤처 자본투자가
타케베 케이(武部啓) 긴 키(近畿)대학 교수
· 국제인간제놈계획 윤리위원회 부위원장. 아시아 생명윤리에 관해 논함.
나카무라 유스케(中村祐輔)동경대학 의과학연구소 교수, 인간 제놈해석센터 소장
· 외과의사를 거쳐 인간제놈연구에 종사. 일본 인간제놈계획의 리더.
후지타 요시카즈(藤田芳司) 일본 글락소연구본부장
· 제놈제약 분야에서 세계우위를 달리는 영국 글락소·웰컴 일본법인의 연구를 총괄 지휘.

인간제놈연구의 목적을 생각한다

[**나카무라**] 제놈연구라 하면 일반인들은 어떤 연구를 떠올리겠는가? 유럽에서는 '대부분의 사람들이 의학에 필요한 연구'라고 대답한다. 그런데 어떤 이유에서인지 일본에서는 '생물의 생명현상을 해명하기 위한 연구'라는 이미지가 있다. 제놈연구에 의해 의료분야의 치료법, 예방법, 진단법 등이 21세기에 크게 바뀔 것이 확실한데도 우리들의 생활에 큰 영향을 미칠 것이라는 사실이 제대로 전해지지 않았다. 우리들 연구자의 설명도 부족했지만 매스컴도 제놈연구가 의료에 미치는 영향에 대해 충분히 이해하지 못하고 있는 것 같다.

[**이토**] 제놈연구가 진행되면 예방의학에 대한 관심도 높아질 것이다. 진단도 그렇지만 진단과 치료를 병행해서 이전에는 생각지도 못한 새로운 의료가 등장한다. 중병이 되기 전에 손을 쓸 수 있게 되는 것이다. 그렇게 되면 환자들은 고통이 줄 것이고, 의사의 수고도 줄어들 것이다. 의료비 문제도 포함해서 제놈연구가 커다란 파장을 일으킬 것은 분명하다.

여기에서 인간제놈연구가 의료에 미치는 영향에 대해 되집어 보자. 우선 제놈연구를 통해 유전병 외에도 생활습관병, 알레르기성 질환을 포함한 질병에 걸릴 가능성을 진단하고

예방할 수 있다. 또한 병증 해명에서 새로운 진료법과 치료
법을 찾을 수 있다. 최종적으로는 개인의 유전자형에 따른
'주문형(custom-made)의료'가 실현된다. 어떤 약이 누구에
게 맞는지도 밝혀져 부작용이 줄어든다고 한다. 한편 인간제
놈연구는 생명현상을 해명하는 측면도 지닌다. 하지만 산업,
사회에 대한 영향력 정도를 고려하면 우선적으로 의료를 중
시하는 것은 당연한 귀결일 것이다.

[후지타] 1998년 8월에 미국의 필라델피아에서 제놈
약리학(포머코제노믹스)이 산업에 어떤 영향을 미칠 것
인가에 대한 회의가 열렸다. 미국에서는 1994년의 처방
전이 약 30억인데 대해 약의 부작용으로 입원한 환자가
연간 약 200만 건을 넘는다고 한다. 그중 10만 건은 치
사성에 해당한다. 이 때문에 사용된 의료비는 약 700억
달러에 육박한다고 보고되어 있다. 미국의 의사들은 이
러한 상황을 심각하게 받아들이고 있다.

[나카무라] 부작용이 있는 약은 바로 안 좋은 약으로
치부해 버리는데, 원래 잘 듣는 약은 사용량과 대상이
되는 사람이 틀리면 부작용이 일어나는 것이 당연하다.
개인마다 약을 해독하는 능력에 차가 있다는 사실도 보
고되어 있으므로 개인에 맞는 양을 처방할 필요가 있다.

[후지타] 바로 누구에게 이런 부작용이 일어나는

지를 알아내기 위해 제놈연구를 하는 것이다.

[**나카무라**] 미 국립위생연구소는 개인별 의료에 중요한 정보를 제공한다는 관점에서 다형(사람에 따른 유전자의 차이)연구프로젝트에 40억 엔을 투자하고 있다. 그런데 일본에서 다형 연구라 하면 인간의 다양성 연구, 일본인의 뿌리를 찾는 연구가 된다. 개념상의 차이가 있는 셈이다. 하지만 연구의 최종 목표는 의료임을 알아야 한다.

[**타케베**] 어디까지나 제놈연구는 인간의 건강문제에 관련되는 것이다. 분자생물학적인 입장에서 연구를 하는 사람도 연구가 의료에 직결되어 자신의 연구가 윤리적인 문제를 일으킬 가능성이 있다는 사실을 인식해야 한다.

[**이토**] 확실히 제놈연구에 대한 아카데믹한 관점은 일본과 유럽이 다르다. 그뿐이 아니라 과학에 대한 사고, 생명에 대한 사회의 사고가 상당히 틀리다. 정신구조와 종교관의 차이도 포함해서 사고 자체에 차이가 있다. 이렇게 되면 안타깝게도 현실적으로 일본이 천천히 변화해 갈 가능성이 있다.

[**나카무라**] 그 한편으로 미국의 제품이 점점 들어오

고 있고 특허도 빼앗기고 있다. 막대한 로열티(특허사
용료)를 지불할 가능성도 충분히 있다. 이제 우리는 더
이상 두고 볼 수만은 없다. 제놈연구에서 뒤쳐지면 의
료분야를 외국에 잠식당한다. 이것은 불을 보듯 뻔한
일이다. 그러므로 정신을 바짝 차려야 할 것이다.

'제놈연구함대'를 편성하자
제놈연구는 전략적으로 진행시킬 필요가 있다. 이것은 누
구나 납득하는 바이다. 일본 정부도 5부처와 연계해서 제놈
회의를 열어 종래 지적되어 온 종적체제에서 벗어나려고 애
쓰고 있다. 그러나 현실문제로서 전략적으로 연구가 진행되
고 있는가 하면 그렇지 않다.

[나카무라] 인간의 유전자는 10만 개 정도 되는데 그
중 수천 개가 질병에 관계하고 있다고 전해진다. 가령
카드가 1,000장 있다고 가정하자. 그중 990장을 유럽과
미국이 차지하게 되면 일본의 의료와 국가재정은 끝이
다. 인간제놈연구에 있어서 구미가 앞서 있는 것은 사
실이지만 아직 만회의 여지는 남아 있다. 이를 위해서
는, (예를 들면)항공모함을 중심으로 한 함대를 편성해
서 연구를 해야 한다. 항공모함은 구축하지 않고 구축
함이나 작은 보트만 많이 만든다면 아무 의미가 없다.

[이토] 현재 동경대 의과연구소의 제놈센터, 물리화학
연구소 등이 일본 내에서는 대규모 센터 즉 항공모함에

해당되는 셈이다.

[**나카무라**] 그렇다고는 하지만 건물의 규모만을 보면 미국의 연구소와 비교해 볼 때 구축함 정도의 수준밖에 되지 않는다. 필요한 예산의 10분의 1을 들이면 10분의 1의 성과를 올릴 수 있다는 생각은 제놈연구 영역에서는 통용되지 않는다. 10분의 1의 예산으로 1%의 성과를 올릴 수 있을 지도 의문이다. 불황대책에 대해서 'too little, too late'라 흔히 말하지만 제놈연구도 이와 마찬가지라 할 수 있다. 어쨌든 항공모함 같은 대규모센터를 만들어야 한다.

[**오타키**] 개개의 소규모 연구소에서 각각 연구를 해도 아무 소용이 없다는 것이 내 지론이다. 예를 들어 일본에서도 DNA칩 프로젝트 등 여러 제안이 나와 있지만 이를 유기적으로 연계시키지 못하면 3년이나 5년 후 모든 프로젝트가 외국에 뒤쳐질 우려가 있다. 일본이 총력을 다하지 않으면 싸움에 뒤지는 것이 확실하다. 그러므로 동경대 의과연구소를 포함해서 전국의 연구시설을 연계시켜야 한다고 생각한다.

[**이토**] 지방대학에서 종종 좋은 결과를 내기도 하는데 이를 놓치지 않아야 한다고 생각한다. 대박을 터뜨릴 만한 연구를 사장해 버려서는 안 될 것이다.

[**나카무라**] 전략적으로 제놈연구를 진행시키기 위해 서는 소수의 강력한 리더에게 모든 것을 맡기는 것이 최선책이라 생각되지만 국가와 대학이 이러한 체제를 만들기 어려운 것이 일본의 현실이다.

인간제놈연구는 강력한 리더쉽을 발휘하는 인물의 지 휘하에서 진행시키는 것이 가장 유효하다는 사실은 미 국의 예를 보아도 명백하다. 목표를 명확히 하여 전략적 인 연구를 추진하는 것을 전제로 리더의 선택법도 변화 시킬 필요가 있다.

[**후지타**] 결국 연구프로젝트의 평가시스템을 바꾸어 야 한다 단지 과거에 커다란 업적을 거둔 연구자이므로 리더로 삼는다는 것은 급변하는 환경 하에서의 전략적 인 대응을 어렵게 만들어 판단을 그르칠 우려가 있다. 젊고 힘있는 사람의 의견이 통용될 수 있는 새로운 시 스템을 구축해야 할 것이다.

민간기업도 분기해야 한다

[**후지타**] 스미스클라인이나 글락소를 보아도 유전자 연구에 관한 정보를 90%이상 외부에 의존하고 있다. 이 러한 기업들의 시선이 기반이 있는 미국으로 향하는 것 은 당연하다.

[**나카무라**] 민간기업이 자기들끼리 국내에 기반을 형

성하자는 의견도 있다. 예를 들어 제약기업 상위 10사가 모여 평균 2, 3억엔씩 내고 제놈의학연구소를 설립해서 철저한 데이터베이스를 만들고 자금을 낸 기업이 자유롭게 이용할 수 있게 하면 된다는 것이다. 일본의 제약기업이 살아남기 위해서 게놈에 관한 방대한 정보가 필요하다면 이 정도의 과감한 행동도 불사해야 할 것이다.

[이토] 이런 이야기는 현실적으로 가능하다고 생각한다. 원만히 진행될지 어떨지 의문이지만 안될 것도 없다. 구미의 진척상황을 보면 일본은 상당히 어려운 상황에 놓여 있다. 실제로 효능이 좋은 약을 효율적으로 개발해야 한다는 위기감을 우리는 지니고 있다.

[후지타] 일본 글락소도 필요하다고 판단되면 참가한다. 외국자본이지만 우리들의 전략에 꼭 필요하다고 판단되면 전혀 문제될 것이 없다.

[타케베] 그 경우에도 과감히 다른 사람에게 위임해야 한다. 먼저 이 정도의 데이터가 필요하다고 말한 다음 일체 간섭하지 않는다

[나카무라] 데이터는 공유하고 데이터를 어떻게 이용할 것인가는 각 기업의 책임에 맡기는 것이 좋다고 생

각한다. 미국에 유전자정보 데이터를 팔고 있는 인사이트사라는 벤처기업이 있는데 해외의 많은 기업들이 인사이트사에 돈을 지불하고 데이터를 사고 있다. 그러나 실제로 유익한 데이터인가에 대해서는 의문을 품는 사람들이 많으므로 민간단체가 모여 연구소를 만들면 그 정도의 데이터는 산출해 낼 수 있을 것이다. 일본의 장래에 악영향을 미치지 않도록 조속히 착수해야 한다.

[오타키] 달리 방법이 없으면 민간에서 기반을 형성하는 것도 한 방법일 것이다. 단, 코디네이터가 중요한데 그 선택을 그르치면 잘 될 일도 실패할 위험성이 있다. 보다 근본적인 부분부터 바꿔나가는 것이 최선책이 될 것이다.

제놈연구정책을 제언하는 조직을 만들자

[나카무라] 구미국가들은 국가프로젝트로서 제놈연구를 지지하고 있다. 국가전략이나 일본의 의료경제, 최종적으로는 국가재정까지 광범위하게 영향을 미친다. 일본에서는 명령하달식 방책을 꺼리는 경향이 강하지만 급속히 진전되는 연구에 발맞춰 신속하게 의사결정을 내려 예산책정에 반영될 수 있는 권위있는 위원회를 만들어야 한다.

[오타키] 민간주도로 제놈연구를 총괄할 만한 조직을

구성하면 좋을 것이다. 과학을 아는 사람과 대학교수도
포함해서 국가정책을 구상한다. 이런 조직을 만들어 제
놈연구의 전략을 짠다. 그리고 전 부처에 제언한다. 대
학의 문제도 한번 더 재고한다. 연구를 취미활동쯤으로
여겨서는 언제까지나 외국기술을 따라 잡을 수 없다.
그러므로 민간주도의 조직을 만들어 필요 없는 곳에 돈
을 낭비하지 말라는 말도 서슴지 말아야 한다.

[타케베] 보험회사가 당신의 DNA를 알게 된다면 어
떻게 될까하는 질문에 지금의 정치가는 물론 일반사람
들 모두 다 구름잡는 이야기처럼 들릴 것이다. 그러나
보험의 자유화로 상황이 일변할지 모른다. 이런 상황에
대응할 수 있는 체제를 갖추는 것이 향후 중요한 과제
임에 틀림없다.

기술을 간파하는 눈을 갖자

해외에서는 대기업과 바이오벤처기업간의 제휴가 계속되고
있는데 국내기업도 해외벤처기업의 기술에 주목하고 있다.
향후 대기업과 벤처기업의 관계는 어떻게 변화해 갈 것인가?

[이토] 모든 벤처기업에 투자할 수는 없다. 자사에 어
떤 기술이 필요한 지를 알 수 있는 눈을 키워야 한다.
점점 격화되는 경쟁시대를 맞이하여 어떤 전략을 짜야
하는지 지금 국내기업은 머리를 끌어안고 있다. 우리

회사도 여러 곳과 손을 잡고 있지만 반드시 제놈연구를 하는 벤처기업과 제휴하는 것은 아니다. 자사의 필요에 맞는 곳과 손을 잡는다. 어떤 벤처기업과 손을 잡을 것인가가 아니라 연구를 어떤 약품 개발에 이용할 수 있을지가 문제인 것이다.

[**후지타**] 우리들도 '어떤 기술이 자사의 사업에 긍정적 영향을 미칠 것인가'를 검증하고 있다. DNA 칩도 개발하고 있다. 제노타이핑기술도 고려하고 있다. 전혀 새로운 기술도 가공시켰다. 프로테옴 연구도 중요하다. 지금까지는 단백질을 하나씩 해석해서 학위논문 하나만 완성하면 그만이라는 생각이 팽배해 있었지만 지금 글락소 영국연구소에서는 하루에 1, 2천이나 되는 단백질 해석을 하고 있다.

5년, 10년의 기간을 두고 보면 한 기술은 반드시 다음 기술에 의해 소멸되는 운명에 놓여 있다. 우리 회사는 다음에 필요한 기술은 무엇인지, 누가 가장 영향력 있는 기술을 보유하고 있는지를 끊임없이 주시하고 있다. 새로운 기술의 싹을 사내에서 제대로 키워낼 수 없다고 판단되면 회사내 사람이 독립해서 벤처기업을 만들도록 하는 방법을 취하면서 필요한 기술을 도입하고 있다.

[**나카무라**] 나는 '85년에 미국의 학회에서 처음으로 PCR에 대한 이야기를 듣고 곧장 일본 잡지에 게재했

다. PCR이 어떤 영향을 사회에 미칠 것인지는 명백했
다. 일본회사에도 이 이야기를 건네 보았지만 그 영향
력을 이해하지 못했다. 새로운 기술평가가 일본에서는
제대로 이루어지지 않는 것이 현실이다. 약에 비유하면
일본은 재탕은 만들지만 새로운 약을 개발하는 위험을
안고 투자하려 들지 않는 것과 같다.

 PCR은 폴리멜라제 연쇄반응(혹은 핵산 증폭 반응)을 말한
다. DNA를 인공적으로 증폭하는 작업에 사용하는 기술로
PCR 개발자는 노벨상을 수상했다. 노벨상은 기초연구성과에
대해 수여되는 경우가 대부분인데, PCR과 같은 기술을 개발
함으로써 노벨상을 받은 것에 대해 그 당시 의구심을 품는
사람도 많았다. 그러나 PCR의 등장으로 미량의 혈액과 머리
카락에 함유되어 있는 유전자를 조사할 수 있게 되어 DNA
감정이 탄생했다. DNA해석도 PCR의 등장으로 훨씬 효율이
높아졌다. PCR이 없었다면 DNA연구는 여기까지 올 수 없었
을 것이다.

 [타케베] 필요한 기술과 인재를 간파하는 눈을 키워
야 한다. 서로간의 냉철한 평가가 없으면 실로 유용한
기기를 도입하는 것조차 할 수 없다.

 [오타키] 일본에서 기술을 개발할 가능성이 없는 것은
아니다. 국가의 연구개발 프로젝트 심사를 해보면 개중
에는 우수한 프로젝트가 반드시 있다. 하지만 그것이 실

제 채택되는가 하면 그렇지 못한 경우가 허다하다.

히다치제작소의 캐필러리 방식의 염기서열결정장치도 이러한 예가 될 것이다. 히타치제작소의 중앙연구소에서는 10년 전부터 꾸준히 개발연구를 해왔지만 회사의 지원을 받은 것이 아니었다. 실제로 장치가 100대, 200대 팔려도 히타치와 같은 대기업입장에서는 얼마 되지 않는 금액일지 모른다. 그러나 염기서열결정 분야에서 영향력있는 기술인 것만은 사실이다.

그러므로 기술개발분야에서는 벤처기업을 키우는 편이 낫다고 생각한다. 나는 문부성의 산관학 연계프로젝트에도 참가하고 있다. 대학교수가 갑자기 경영자가 되라는 말은 다소 시기상조인 듯 하나 적어도 기술지도는 할 수 있다고 생각한다. 겸업해도 문제없을 것으로 본다. 조금씩 대학교수가 외부에서도 자유롭게 활약할 수 있는 장소를 마련해야 한다고 생각한다.

[**나카무라**] 그렇게 되면 대학을 그만두고 경영에나 힘쓰라는 내용의 논설이 신문에 나올 것이다. 나고야 대학 사건의 영향을 무시할 수 없다.

나고야 대학 사건은 나고야대학 의학부의 히다카 히로요시 전 교수가 '98년 9월, 신약개발, 연구에 관련하여 의약품회사로부터 거액의 현금을 받은 혐의로 체포된 사건을 말한다. 히다카 교수는 후지약품, 오오츠카제약 등 민간기업의 사원을 약리학 교실의 연구생으로 받아들이는 대신 1억엔 이상의 현금을 자신이 중심이 되어 설립한 회사를 통해 건네 받았다는 혐의를 받았다.

이 사건이 발각된 후 국립대학교수들은 '민간기업에 협력한 것으로 체포되어서는 산학협력은 엄두도 못 낼 일이다', '자칫하면 나도 잡혀 들어갈 지 모른다'라는 불안감을 감추지 못했다. 한편으로는 '애초에 회사를 만든 것이 잘못이었다. 그러나 대학연구자도 정당한 보수를 받을 권리가 있다', '무상으로 연구성과를 민간에게 제공하라는 것은 이해할 수 없다'라며 대학연구자의 권리확대를 요구하는 사람도 있었다. 또한 동경대학 첨단과학기술 인큐베이션센터와 같이 대학의 기술을 민간에 이전하는 조직을 정비해 국립대학교관도 적절한 보수를 받을 수 있도록 하면 제2, 제3의 나고야 대학 사건은 일어나지 않을 것이라는 의견도 있었다.

[오타키] 어쨌든 그런 사건이 두 번 다시 일어나지 않도록 시스템을 투명하게 정비해야 한다. 왜 벤처기업이 성장하지 못하는지 파악해서 현행 시스템을 개혁할 필요가 있다. 11월부터 바이오벤처포럼을 의약품부작용피해구제·연구진흥조사기구가 중심이 되어 조직한다. 실제 뚜껑을 열어보지 않으면 어떻게 될지 짐작할 수 없으므로 이것을 하나의 돌파구로 삼으면 좋을 것이다.

인공세포가 등장?

생물의 몸체를 구성하고있는 최소 단위는 세포이다. 유전자정보가 들어있는 핵, 에너지를 만들어내는 미토콘드리아, 단백질을 합성하는 골지체 등, 여러 종류의 미세한 기관이 절묘하고 복잡한 화학반응을 일으키며 생명활동을 돕고 있다. 이러한 미세한 화학반응 시스템을 인공적으로 만들려는 기초연구가 시작되었다. 미세한 반응층, 연산회로, 펌프 등 육각형의 미세한 불자의 위에는 모양도 소재도 여러 가지 미세한 구조로 서로 연결되어있다. 어떤 부분은 단백질을 합성하고 또한 어떤 부분은 합성결과를 분석한다. 나고야대학의 이쿠다 유키시(   )교수가 제창하는 인공세포가 이런 이미지이다.

이쿠다교수는 '인공세포끼리 합성하면 조직이나 장기를 만들수 있을지도 모른다'고 앞으로의 전망을 밝혔다. 예를 들면, 컴퓨터는 복수의 IC가 협력해서 기억, 연산 등의 작업을 한다. 그것과 마찬가지로 복수의 인공세포를 접속해서 전기신호나 화학물질을 교환할 수 있도록 한다면 인공장기를 만들 수 있다는 것이다. 아직 이에 대한 연구는 기본불자인 화학IC의 시험작품을 만든 단계에 머물러 있지만 컨셉을 한층 더 추진해 나간다면 인공세포의 내부조직을 완전히 해석해서 재구축할 수 있다는 것이다. 인공 세포내의 구조를 수지(   )로 만들어 필요에 의해서 용액으로 녹이거나 충전, 가공해서 새로운 구조를 완성시킨다는 것이다. 생체를 분해해서 하는 종래의 생물학에서 접근했던 방법과 전혀 반대인 연구도구로서도 인공세포는 커다란 가능성을 품고 있다.

6. 유전자 산업이 직면하고 있는
윤리 · 사회적인 문제

6. 유전자 산업이 직면하고 있는
윤리 · 사회적인 문제

6. 유전자 산업이 직면하고 있는
윤리 · 사회적인 문제

6. 유전자 산업이 직면하고 있는
윤리 · 사회적인 문제

6. 유전자 산업이 직면하고 있는
윤리 · 사회적인 문제

유전자 기술을 산업에 응용할 때, 우선 고려하지 않으면 안 되는 것이 윤리·사회적 문제이다. 생명의 근원에 관여하는 기술인 만큼 다른 산업분야에 비교해서 해결해야할 문제가 많은 것이다. 무엇이 지금 문제화 되고 있는 지를 정확하게 규명하고 그에 대한 해결책을 생각해 내는 것이 현재로서는 가장 큰 과제가 아닐 수 없다. 닛케이산업소비자연구소에서도 그에 대한 제1단계로서 소비자나 전문가들의 의견을 수렴하고 있다.

1. 가이드라인 작성의 필요성

유전자 연구의 성과를 의료, 산업에 활성화시키기 위해서는 사회적, 윤리적, 그리고 법적인 문제에 대해 규칙을 만들어 놓을 필요가 있다. 문제가 가장 현저하게 나타나는 부분은 유전자 진단과 유전자 검사이다.

의료목적과는 상관없이 개인의 정보가 유출되기라도 한다면 아무도 검사를 하지 않을 것이다. 유전자 검사 기술이 향상됨에 따라 학계를 중심으로 '진단의 가이드라인을 만들자'라는 움직임이 확산되고 있다.

인폼드컨센트(Informed consent)는 불가결

유네스코(유엔교육과학문화기관)은 1997년 '인간게놈 및 인권에 관한 세계선언'에서 '누구도 유전적인 특징에 바탕을 둔 인권, 기본적 자유 및 인간의 존중을 침해하는 의도나 그러한 효과를 가진 차별의 대상으로 해서는 안된다'라는 내용을 채택했다.

이는 연구나 치료의 대상이 되는 사람에 대해 이익이나 불이익을 정확히 전달하고, 인폼드컨센트(설명과 동의)를 확립해서 개인의 유전자 정보의 기밀을 보호한다는 것을 골자로 만들어졌다.

이 선언을 계기로 인간게놈연구와 응용에 대해 여러

각도에서 냉정한 논의가 추진될 것이라는 기대를 한다. 이미 몇몇 학회가 유전자진단의 기초를 작성하고 있다. 유전성 종양연구회는 '97년 유전자 진단의 가이드라인을 작성했다. 진단을 의료, 의학관련 연구목적에 한정하고 제3자가 부당하게 정보에 접근하는 것을 금지시키려는 내용이다.

유전성 종양이란 유암이나 대장암 등의 암들 중 특정의 유전자를 가지고 있는지의 여부에 따라 발병의 위험도를 예측하는 암이다.

양친의 어느 한쪽으로부터 유전자를 물려받고 있으면 양성, 물려받지 않고 있으면 음성이다. 음성이면 발병의 불안이 경감되고 양성이면 진단을 받는 횟수를 늘리는 등의 예방이나 조기발견을 위한 검사에 대한 대책을 마련해야 한다. 검사의 정밀도는 100%는 아니지만 대상이 되는 유전자의 종류에 따라 검사를 받는다는 데에 의의가 있다.

가이드라인에서는 인폼드컨센트나 유전 카운셀링 등의 피험자에 대해 의료기관 측이 배려해야 할 문제에 대해 기준을 정했다. 결과를 알고싶지 않은 환자에게는 결과를 알리지 않는다는 것도 배려의 한 방법이다.

이에 앞서 일본 인류유전학회도 '94년 가이드라인을 초석화한 적이 있다. 이 학회에서도 인폼드 콘센트나 카운셀링을 의료기관에 요구했었다.

현장 의사의 이해를...

이러한 가이드라인이 작성됨에 따라 유전자진단과 그에 바탕을 둔 치료에 큰 활력을 불어 넣었다. 단, 이것에는 한계가 있다는 것도 부인할 수 없다.

가이드라인을 준수하지 않는 의사가 있어도 학회에서 제적시키는 방법 외에 별다른 법적 강경조치를 취할 수 없다는 것이다. 그래서 학회 차원이 아닌 국가적인 차원에서의 가이드라인을 요구하는 목소리도 점차 높아지고 있다.

더욱이 유전자를 이용한 진단이나 진료에 관여하는 전문가들의 대부분이 유전자진단의 의미를 정확히 이해하고 있지 않은 의사도 많다는 지적을 하고 있다. 학회의 가이드라인이 작성되었다고 해서 논란이 끝난 것이라고 속단하기에는 너무 이르다.

유전자 진단의 이점이나 주의사항을 전국에 산재해있는 의사들에게 이해시키기 위해서는 확실한 대책마련에 힘써야 할 것이다.

2.유전자 검사에 대한 일반인들의 의식

다가오는 장래에 병에 걸릴 위험도를 검사하는 유전자 검사가 실용기에 접어들고 있다. 선천적인 질병이나 유전성의 암을 대상으로 하는 검사나 진단이 일부 의료기관에서 시작되었다.

당뇨병, 고혈압 등의 생활습관병의 위험도를 판정하는 기술이 정비되어가고 있다. 일반인이 유전자 검사를 받고싶어 하는지의 여부를 닛케이산업소비연구소가 조사한 결과 검사를 받는 것에 비해 저항감이 매우 적은 것으로 나타났다.

40% 이상이 검사에 긍정 반응

검사는 1998년 10월 하순부터 11월 상순에 걸쳐 일반인 7백명을 대상으로 우편 앙케이트 형식으로 실시되었다. 이중 5백60명으로부터 응답을 받았다.

동경 수도권과 긴키권에 거주하는 일반인을 대상으로 한 조사에서 닛케이산업소비연구소가 가지고 있는 소비자채널을 활용했다. 응답자의 직업별로 살펴보면 농림수산업 1명, 자영업 62명, 제조업체 근무 78명, 회사원 121명, 관리직 52명, 전문직 54명, 주부 127명, 학생15명, 무직34명, 직업불명 16명이었다.

우선 최초로 장래 병에 걸릴 가능성의 대소를 판정하는 유전자 검사를 받을 것인지 안 받을 것인지에 대해서 물어봤다. '선천적 질병, 유전성 암, 일반적인 암, 알츠하이머같은 치매, 당뇨병, 고혈압과 같은 성인병 등을 예로 들자 각각의 검사에 대해 40%가 넘는 사람들이 검사를 받겠다고 했다. 전혀 검사를 받지 않겠다고 한 사람은 13.9%'에 불과했다.

병에 걸릴 가능성의 대소를 판정하는 유전자 차원의 검사는 종래의 임상검사와 성격이 전혀 다름에도 불구하고 의외로 많은 사람들이 이에 대한 저항감을 가지고 있지 않았다.

검사결과를 어떻게 활용할 것인가에 대한 질문에는 '조기발견과 치료(57%)와 생활습관 개선으로 질병을 예방(57.5%)'가 가장 많았다. 응답자중 대부분은 암이나 죽음을 초래하는 불치의 병이라도 예방이나 조기발견에 노력한다면 결코 두려울 게 없다는 의식이 자리하고 있다는 것을 대변이라도 하는 것 같은 결과라고 할 수 있다. 병이 진전되고 나서 치료를 시작하기보다는 미리 예방이나 치료를 추진하는 치료가 소비자들이 원하는 미래지향적 의료라고 할 수 있다. 또한 앞으로의 인생설계의 지침으로 삼겠다는 응답도 22.7%나 되었다.

한편 가입할 수 있는 보험을 들어두겠다는 사람도 12%나 되었다. 이 숫자를 높다고 봐야할 지 낮다고 봐야할 지는 판단하기 어려우나 외국에서는 보험회사가

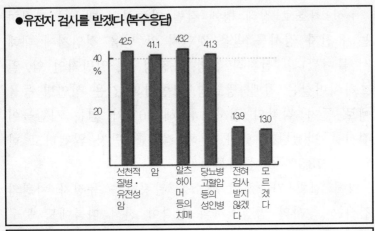

●유전자 검사를 받겠다 (복수응답)

●유전자 검사의 활용법 (복수응답)

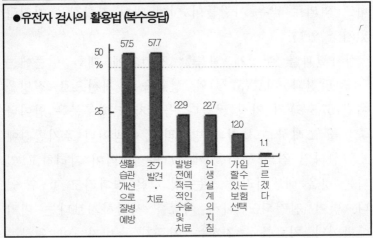

유전자 검사결과를 피보험자만 알고있는 상황에서 보험에 들것인가의 여부를 결정하는 것은 공평하지 못하다는 견해도 있다. 이 문제는 앞으로도 계속해서 논란의 대상이 될 것으로 보인다.

　　그리고 응답자가 보험의 의미를 정확하게 이해하고 있는지에 대해서는 미심쩍은 면이 없잖아 있다. 앙케이트 조사에서는 발병 전 진료에 대해서 간단한 설명을 첨부했지만, 그것만으로 검사가 주는 영향을 완전히 이해할 수 있으리라고는 보지 않는다. 그럼에도 불구하고 40% 이상의 응답자가 유전자 검사에 긍정적인 반응을 보인 것은, 다시 말해서 충분한 정보가 없다 할지라도 검사를 받지 않을 수 없다는 것을 설명하고 있는 결과라 하겠다.

2만엔 미만이 타당

　　검사를 받을 때 피험자가 지불하는 금액에 대해서 5천엔 미만이 12.8%, 5천엔 이상 만엔 미만이 27.7%, 양자를 합하면 반 이상의 소비자가 만엔 미만을 원하고 있다는 것을 알 수가 있었다.

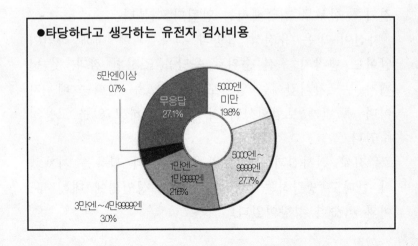

●타당하다고 생각하는 유전자 검사비용

만엔 이상 2만엔 미만은 21.6%, 3만엔 이상이라도 좋다는 사람은 3.7%에 불과 했다. 검사를 보급시키기 위해서는 저렴한 비용이 필요조건이라고 하지만 최하 2만엔 선에서 결정지어 지는 것이 가장 타당하지 않은가 보고 있다.

그리고 스포츠클럽 등지에서 생활습관병이나 비만의 위험도를 판정하는 간단한 시스템이 만들어진다면 어떤가하는 아이디어도 있지만, 그럴 경우 한층 저렴한 비용으로 검사를 받을 수 있게된다.

검사결과취급에 대한 문제

검사결과를 본인 이외의 타인이 알아도 상관없는가라는 질문에는 무응답의 비율이 눈에 띄게 높았다. 유전자 검사는 종래의 임상검사 이상으로 유전이나 프라이버시라는 문제와 밀접한 관계가 있기 때문에 그에 대한 결과를 함부로 취급해서는 안된다고 본다.

자신이 받은 유전성 질병의 검사결과에 대해 타인이 알아도 괜찮지 우선 순위로 응답을 조사한 결과, 첫 번째가 부모자식간에는 알아도 괜찮다, 두 번째는 배우자이며 세 번째 보험회사나 자신을 고용하고 있는 고용업주였다.

유전자 검사결과는 의료관계 이 외의 활용은 자제해야 한다고 생각하는 여론이 많았다. 성인병에 대해서도 이와 비슷한 경향이었다.

반대로 주변 사람의 검사결과를 알고 싶은지의 여부를 질문한 결과 유전성 질병에 대해서는 부모나 자식의 결과는 반드시 알고싶다가 제일 많았고, 그 다음이 배우자 순으로 나타났다. 그러나 형제나 조부모, 숙부나 백부의 검사결과에 대한 관심도는 매우 낮았다.

혈연자의 검사결과로 자신의 유전자 정보도 알 수 있다고 생각하는 사람은 거의 없었다. 특정의 질병에 걸릴 위험도가 높다고 판정되었을 경우, 그 정보는 혈연자에게 있어서도 커다란 의미를 가지게 된다. 유전자에 변이를 가지고 있으면 혈연자가 같은 변이를 가지고 있을 가능성이 그렇지 않은 사람보다 확률이 높기 때문이다.

유전자 검사는 질병의 조기발견과 치료에 많은 도움을 주는 것은 사실이다. 그러나 유전자 검사를 확산 보급시키기 위해서는 검사를 함으로써 생기는 이점을 정확하게 이해시키는 일이 급선무라고 생각한다.

3. 유전자 산업화에 따른 윤리적 문제

유전이나 유전자라는 것의 이미지에 대해 어둡게 생각하는 사람도 적지 않을 것이다. 그리고 일부에서는 터부시하는 경향도 강하다. 심지어는 재앙이라고 생각하는 사람도 없잖아 있다.

이러한 분위기가 유전자를 중심으로 하는 새로운 의료분야에 커다란 그림자를 드리우고 있다. 그러나 현실을 외면하는 것은 유전자연구를 바탕으로 하는 의료분야에 실용화를 지연시키는 원인이 되고 있다. 이러한 분위기는 유전자 연구의 성과를 산업에 응용할 때 걸림돌이 될 가능성마저 있다. 지금 무엇이 문제이며 무엇을 논의할 것인가? 닛케이산업소비연구소가 개최한 전문가 토론회의 내용을 중심으로 소개한다.

유전, 유전자에 대한 의식

최근 '소니 유전자'라는 제목의 서적이 출판되었다. 소니란 다름아닌 AV기기나 컴퓨터, 멀티미디어분야에서 일본의 정상을 차지하고 있는 기업의 이름이다. 그렇다면 소니와 유전자 사이에 어떤 관련이 있는가.

이에 대해 긴키(近畿)대학교수인 다케부 케이씨는 '흥미로운 책입니다. 소니가 평면 브라운관을 어떻게 개발해 냈는지에 대한 내용이었습니다만, 그 내용을 살펴보면, 그것은 바로 소니의 유전자가 개발해냈다는 것이었습니다. 소니의 창업 이래의 사상, 즉 유전자가 평면브라운관을 만든 것이다라는 내용의 책이었습니다'라고 말했다. 최근 광고매체를 통해서도 유전자라는 표현이 빈번히 등장한다.

일본인의 유전자에 대한 이미지가 조금씩 바뀌어가고 있는지도 모른다. 그러나 여전히 '유전'이라는 단어를 경원시하는 의식이 강하게 남아있는 것도 사실이다. 이런 사실은 유전자 연구를 가능하게 하는 새로운 의료체계구축을 위한 의사들에게 있어서 커다란 걸림돌이 되고 있다.

구미 선진국들과의 의식의 차이도 있다. 예를 들면, 구미에서는 유전성 질환을 앓는 아이가 태어났을 때, 부부가 함께 병원을 찾아 상담을 받는다. 또한 아이의 질병은 누구의 탓도 아니라는 의식이 자리잡고 있는 그들은 모두 합심해서 아이를 키우려고 애쓴다. 그와 반면, 일본에서는 대부분의 가정이 모친이 책임추궁을 당하는 경우가 많다.

이번 토론회에서는 메스미디어에서도 유전이라는 단어의 의미를 확실히 이해하고 전달해야 한다고 신문이나 잡지 등의 보도방법을 지적하는 사례가 있었다. 동경대학 의과학연구소 교수인 나카무라 유스케씨는 모 TV로부터 협력을 의뢰 받았을 때, 방송표현에 대해

'유전자라는 단어를 어둡게 표현하지 말아달라. 유전성 질환에 걸린 사람을 재검사를 한 결과, 오진이었다. 참으로 다행스러운 일이 아닐 수 없다는 등의 표현은 유전이라는 단어에 대해 어두운 이미지를 부각시키는 결과를 초래할 뿐'이라고 말했다.

질병의 원인이 되는 유전자가 발견되었다는 뉴스를 어떻게 평가해야 할까. 새로운 유전자는 어떤 의료분야에 영향을 줄 것이며, 일반인들에게는 어떤 영향을 줄 것인지를 확실하게 이해하고 전달하지 않으면 안된다고 전문가들은 입을 모았다.

그럼에도 불구하고 최근 '유전'이나 '유전자'라는 단어를 기피하려는 현상이 두드러지고 있다. 또한 유전성 질병의 발견은 차별의 원인이 된다고 믿는 사람들도 적지 않다고 한다. 이러한 문제가 있다고 해서 이대로 지체한다면 유전자 연구는 언제까지나 열매를 맺을 수 없다고 생각한다.

무엇을 위한 유전자 테스트인가

토론회에서는 구체적인 문제점에 대해 논란을 거듭했다. 우선 거론된 것은 발병 전의 유전자 검사에 대한 문제였다. 유전성 질병과 생활습관병인 알츠하이머의 위험도를 유전자 검사로써 판단할 수 있게 되었다. 그러나 검사 그 자체에 아직도 강경한 저항감이 남아있는 것이 현실이라고 한다.

그러나 발병 전에 질병의 위험도를 조사하는 자체는 투병을 해나가는데 있어서 매우 유리한 점이 있다는 것도 사실이다.

[**나카무라씨**] 발병 전 진단에 대한 문제는 질병에 약한 사람에게 있어서 매우 안됐다는 의견을 가진 사람도 있을지 모르지만, 조기발견과 조기치료는 환자에게 있어서 매우 좋은 일이라고 생각한다.

[**타케베씨**] 더욱 현실적인 차원에서 말하자면, 모 제약 회사가 외국에서 개발된 유전자 시험약을 수입해 국내에서 판매할 때, 테스트를 받은 사람이 유전적인 문제를 가지고 있는 것이 발견되면 당연히 그의 가족이나 혈연자 모두를 테스트하는 것이 바람직하다는 것을 판매측 기업이 의사에게 확실하게 전할 수 있을지의 여부가 문제가 된다.

그리고 유전적 검사라는 냄새를 풍기지 않고 백혈구 검사처럼 간단하게 유전자 진료를 할 수 있는 체제구축을 생각하고 있다.

또한, WHO(세계보건기구)의 가이드라인에서도 유전성 질병의 유전자가 발견된 자의 혈연자는 그에 대한 정보를 알 수 있는 권리가 있다고 명기해 놓고 있다. 결과는 혈연자가 살아있는 한 보존해야 하는 것을 전제로 혈연자의 연락처를 등록해야 한다는 의견이 당연지사로 생각되어지고 있다. 그러나 일본 국내에서 유전자 테스트가 유전성 질병을 판정하는 것이라는 의식은 그다지 높지 않다. 바로 그것에 문제가 있다고 전문가들은 지적하고 있다.

다케베씨는 다음과 같이 강조했다. '일본에는 유전에 대한 독특한 견해가 뿌리를 내리고 있는 것은 사실이다. 유전자를 취급하는 연구자나 의사들은 유전자 테스트가 가족문제로 확산될 각오를 해야한다.

결과를 결코 외면해서는 안 된다. 선천적인 질병을 가진 아이가 태어나면 부모가 그에 대한 책임을 추궁 당한다. 가족 전체가 협력해서 아이를 키워간다는 구미인들의 사고방식과는 전혀 다르다.

대도시를 제외하고는 유전병의 치료나 상담을 위해 거의 한 시간 이상 걸려서 병원을 찾는다. 이웃에 알려질 염려가 있기 때문이다. 대도시의 의사들은 그런 일은 절대 없다고 하는 의사들이 간혹 있는데 이들은 환자의 솔직한 심정을 모르고 하는 소리다. 이것은 심각한 문제로 대두되고 있다. 그러나 비단 이것은 일본에 국한된 문제는 아니다. 중국이나 인도에서도 이와 비슷한 문제가 대두되는 것으로 알고 있다.'

또 그는 고혈압이나 당뇨병과 같은 생활습관 질병도 위와 비슷한 문제가 제기되고 있다고 했다. 그렇다면, 유전에 대한 의식은 바뀌어 갈 것인가. 교와핫꼬 중역 연구개발본부장인 이토 세이가씨에 의하면 진단법과 치

료법이 한 세트로 된다면 상황이 변할 가능성이 있다고
한다. 그리고 어느 정도 효과적인 치료법이 개발된다면
소비자들의 받아들이는 자세에 변화를 가져다 줄 지도
모른다고 한다.

그러나 나카무라씨는 이에 대해 반드시 그렇지만은
않다고 한다. 그에 따르면, 현재 유전성 암은 발병 전에
진단이 가능하다. 연간 27만 명의 환자가 암으로 목숨
을 잃고, 17만 명이 암 유아를 남겨 놓고있는 실정이다.

이것은 교통상해로 남겨진 유아의 7배에 달하는 숫자
이다. 그러나 이에 대한 관심도는 매우 낮은 것으로 확
인됐다. 이런 불행한 사람들이나 그의 가족들을 구제하
는 방안으로서 유전성 암의 발병 전 진단은 반드시 필
요하다고 본다. 그럼에도 불구하고 아직까지 유전자 검
사에 대한 일반인들의 거부반응은 조금도 굽힐 줄을 모
른다. 때문에 유전 혹은 유전자에 대한 의식이 근본적
으로 변하지 않는 한 상황은 똑같을 것이다.

환자에게 있어서 유익해야할 유전자 검사문제는 현재
무엇이 필요한가를 확실히 파악하지 않는 한 보급될 수
없을 것이라는 게 이번 토론회의 결론이었다.

불이익 방지가 필요

의식을 바꾸는 것 뿐 아니라 유전자정보를 의료에 적
응시킬 때, 환자가 부당한 취급을 당하지 않게 하는 시
스템을 마련하는 것이 필요하다. 환자가 안심하고 유전

자 테스트나 치료를 받기 위해서는 프라이버시 침해나 차별문제의 해결책이 우선적으로 필요하다. 더구나 최악의 상태를 예상해 대책을 강구할 필요가 있다.

질병에 걸리기 쉽거나 암에 걸릴 확률이 높다고 진단을 받은 사람은 일생 무거운 짐을 짊어지고 살아야 한다고 하는데 다케다씨는 그것은 결코 옳은 논리가 아니라는 지적을 했다.

그리고 그는 '유전자 문제는 차별이나 프라이버시 침해, 불이익이라는 형태로 연쇄적으로 이어진다. 때문에 유전자를 조사한다고 하면 흔히 프라이버시를 침해당한다는 생각이 지배적이다.

불이익을 당하기 때문에 유전자 검사 그 자체가 문제라는 논리로 뒤바뀌어버리게 된다. 그러나 불이익을 당하기 때문에 두렵다고 하는 말로써 기술의 진보 그 자체를 부정하는 것은 결코 옳은 일이라고 생각하지는 않는다.

유전자 연구는 우리의 건강을 위한 매우 유익한 연구임에 틀림없다. 이런 것을 염두에 두고 검사 후에 발생할 불이익을 어떻게 방지할 것인가에 대한 논의가 시급하다고 본다'고 했다.

단순 의료목적으로 받은 검사가 부당하게 이용된다든지 환자가 그로 인해 불이익을 당한다든지 하는 불상사가 발생한다면 그 누구도 검사를 받으려 하지 않을 것이다.

미국에서는 이미 상용서비스가 시작되고 있는 유전성 암의 유전자 검사는 당초의 예상과 달리 검사를 받으려 하는 환자가 매우 적었다. 그 이유 중 하나로 피검자가 그로 인해 차별을 받지 않을까 하는 불안 때문이라고 한다. 그후, 미국에서는 클린턴 대통령이 국가적인 차원에서 법의 규제를 표명했다.

환자가 질병과 긍정적으로 맞서 투병하는 기회를 잃지 않을까 하는 우려에서이다. 이에 대해 일본에서는 아직 아무런 조치도 없을 뿐 아니라 그에 대한 논의도 정체 상태에 있다.

일본인은 결과가 안 좋은 것을 전재로 한 논의를 회피하는 경향이 있다고 알려져 있다. 그러나 이번 문제만은 확실히 짚고 넘어가야 할 중요한 문제인 것임에는 틀림없다. 최악의 상태를 예상해서 대책을 강구할 필요가 있다. 다음과 같은 경우를 생각해 보기로 한다.

임상검사 회사에서 유전자 검사를 담당하고 있는 A씨는 어느 날, 혈액 샘플이 들어있는 한 개의 시험관을 손에 들었다. 모 의료기관으로부터 암에 관한 유전자를 조사해 달라는 의뢰가 들어 온 것이다. 평소와 다름없이 검사작업에 착수한 그는 시험관에 붙어 있는 레벨을 보고 깜짝 놀랐다. 거기에는 자신과 친분이 있는 사람의 이름이 적혀 있었던 것이다. 성별도 연령도 틀림없었다. 자신은 친구의 검사결과를 알게 되어버린다는 생각에 그는 몹시 당황하게 된다.

이것은 가정이지만 유전자 검사를 받는 사람의 프라이버시를 어떻게 보호할 것인가 하는, 실제로 있음직한 예이다. 프라이버시는 어떻게 보호할 수 있을까. 검사용 샘플은 몇 사람의 손을 거쳐 해석되고 분석된다. 그 어떤 단계에서도 정보가 누출될 가능성을 배제할 수 없는 것이다.

이에 대한 대책의 하나로써 나카무라씨는 환자의 초기 진료 단계에서 이름을 바코드로 기록해야 한다고 했다. 환자의 이름, 주소, 성별, 연령 등의 데이터를 바코드로 기록해 놓는다면 누출될 염려가 없다는 것이다. 그러나 생각지 못했던 불상사로 인해 환자의 개인신상 정보의 입력 실수가 있을 수 있다는 점도 고려해야 할 것이다.

다케베씨의 의견은 다음과 같다. '컴퓨터 입력 실수의 가능성을 배제할 수 없다. 미국에서의 예를 들면, 에이즈검사에서 양성으로 판단된 결과를 음성으로 입력해버린 실수가 1만건 중 1건이 있다고 한다.

미국에서는 의료재판이 일상화 되어있기 때문에 실수를 철저히 방지한다는 의식이 강하다. 일본에서도 그와 같은 의식의 향상이 필요하다고 본다. 무조건 미국의 흉내를 내는 것은 바람직하지 못하다고는 생각하지만, 실수를 미연에 방지하는 시스템의 도입은 필요하다고 생각한다.'

정보관리의 필요성은 단지 검사를 실시할 때에만 국한되지 않는다. 검사 후, 어디에 그 정보를 어떤 식으로

보관하느냐 하는 것도 중요한 문제이다. 만약 유전자
정보 데이터 유출사건이 한번만이라도 발생하게 된다면
의료업체에게 있어서 돌이킬 수 없는 큰 타격을 받게
될 것이다.

철저한 데이터 관리시스템을 구축해 놓는다는 것은
말로는 매우 간단한 일일지 모르지만 실제적으로는 매
우 어려운 일이다. 한 예로써 인재파견 회사의 데이터
가 유출되어 파문을 일으킨 적이 있었다. 있어서는 안
될 일이 현실적으로 일어났던 것이다. 유전자정보에서
도 이런 문제가 발생하지 말라는 법이 없다. 그러나 그
러한 가능성을 될 수 있는대로 줄이는 방법은 찾아보면
반드시 있을 것이다.

그렇다면 유전자정보의 관리에 있어서 보다 획기적인
아이디어는 없는 것일까. 한가지 흥미로운 컨셉이 있다.
스마트카드라고 불리는 광카드다. 신용카드 정도의 크기
이지만 막대한 용량의 정보를 입력할 수 있는 카드다.

토론회에 참석한 후지타씨는 개인이 카드를 보관하고
스스로 관리하게 한다는 의견을 토로했다. 종래 정보를
입력하고 관리하는 것은 대규모의 데이터베이스가 필요
했기 때문에 개인이 각자 관리한다는 것은 엄두도 낼
수 없었던 일이지만, 신용카드 크기의 조그만 광카드라
면 충분히 개인이 관리할 수 있다고 생각한 것이다.

그러나 광카드의 도입으로 모든 문제가 해결된다고는
보지 않는다. 이것에도 큰 헛점이 있다. 만약 개인이 들

고 다니던 카드를 분실한다면, 하는 문제이다. 그러나 그에 대한 대책이 아주 없는 것은 아니다.

현재 전자산업 분야에서는 지문, 음성, 눈동자 등으로 본인을 특정지을 수 있는 '바이오 메트릭스' 연구가 활발히 진행중에 있다. 지문으로 본인을 식별해, 네트워크 상의 특정의 정보를 억세스하는 것을 제한시키는 시스템이 이미 시판되고 있다.

이에 따라 장래 지문식별 카드 시스템을 도입하자는 아이디어가 속출하고 있다. 본인이 손가락을 대면 정보를 출력할 수 있는 광카드가 완성되면 높은 안전성을 기대할 수 있을 것으로 보인다.

보험회사의 정보이용

정보를 누가 가장 알고 싶어하는지를 명확히 파악해 놓지 않으면 안 된다. 구미 선진국에서 문제점으로 대두되고 있는 것이 보험회사에 의한 유전자 검사결과 정보의 이용이다.

일본 글락소연구 본부장 후지타씨는 '유전자 분석시, 항상 문제가 되고 있는 것은 세 가지가 있다.

첫째는 자신이 질병의 유전자를 가지고있다는 것을 확인하는 데 대한 두려움. 둘째, 프라이버시의 누출. 그리고 셋째가 그로 인한 차별이나 불이익을 받는다는데 대한 두려움이다.'라고 한다. 영국의 글락소·웰컴사는 제놈연구가 세계각지로 확산되고 있는 가운데 어떤 국

가를 막론하고 위와 같은 세 가지 문제점에 직면하고
있다고 한다.

그는 또, 보험회사가 정보를 이용한다는 것은 보험제
도의 붕괴를 가져오는 결과라고 주장했다. 보험이라는
것은 원래 불확실한 미래를 위한 것이다. 게임을 하는
데 있어서 상대방의 손에 쥐고있는 카드를 보면서 하는
게임은 성립되지 않는다.

보험회사가 고객의 유전자 검사 결과를 알고싶어 하
는 이유는 확실하다. 그것은 고객의 '역선택'을 염려하
기 때문이다.

역선택(逆選擇)이란 고객이 유전자 검사로 장래 큰
질병에 걸릴 가능성이 높다는 것을 알고 액수가 높은
보험에 가입하려고 생각할 것이다. 그와 반대로 가능성
이 희박한 고객은 보험에 가입하지 않아도 된다는 판단
을 할지 모른다. 이처럼 보험에 가입하는 고객이 검사
결과를 가지고 보험가입 여부를 결정해버리게 되는 것
을 역선택이라 한다.

그렇게 되면, 보험료를 상승시키지 않으면 안된다는
게 보험회사 측의 주장이다. 특히 의료보험제도가 일본
처럼 정비되어있지 않은 미국에서는 이러한 문제가 많
은 논란을 일으켰다.

전미 의료보험협회와 전미 생명보험협회는 현재 유전
자 정보를 이용하고 있지 않다고 한다. 그러나 현실적
으로 유전자 차별문제가 있었다는 보고가 있다. 때문에

무엇보다 차별대우를 받는 것이 아닌가하는 불안감이 가장 강하다.

미국의 위스컨신주 등의 몇몇 주가 보험회사에 의한 유전자 정보이용을 제한하는 주법을 정해 놓고 있다. 이에 대해 클린턴 대통령도 국가적 차원에서 이러한 규제의 강화를 지지한다고 밝혔다.

1997년 인슈어런스·포터블·로라는 법률이 새로 성립되었다. A사에 근무하던 사람이 B사로 전직했을 때, 거기서 다시 검사를 받지 않아도 된다는 법이다. 즉, 회사를 바꿀 때마다 새로운 유전자 검사를 하지 않아도 된다는 것이다.

한편에서는 이에 대해 폐단이 있을 것이라는 지적이 있을 것이라는 의견에도 불구하고 현재 클린턴 대통령이 지원으로 부대통령인 고어씨가 검사 결과를 가지고 보험에 가입해도 상관없다는 법안을 추진 중에 있다.

유전자 테스트에 의해 자신의 특정 질병에 대한 높은 위험도를 알게 된 사람이 보험회사에 그 사실을 보고할 의무는 없다는 법안이다.

한편 다케베씨에 의하면 일본에서는 '96년 생명보험회사의 연구회가 자신이 이미 알고있는 결과를 회사측에 보고하지 않고 가입한 것은 의무위반이라는 견해를 밝혔다고 한다. 그후, 그에 대한 논의는 더 이상 진척을 보이지 않았다. 보험회사에 문의전화를 하면 한결같이 특별히 그에 대한 검토는 하고있지 않다라는 대답이었다. 그러나 유전자 테스트는 이미 시작되고 있다. 미국의 유전자 검사 서비스 기업이 일본시장으로 진출해올 가능성을 충분히 고려하지 않을 수 없게 되었다. 정부와 보험회사, 그리고 연구자들이 하루바삐 머리를 맞대고 이러한 문제들을 해결 할 수 있는 토론의 장이 마련되어져야 한다고 본다.

미국에서는 인간제놈 연구의 예산 중 5%를 윤리문제와 사회문제를 해결하는데 사용하고 있다. 당면의 문제는 보험에 관한 것이지만, 앞으로 유전자 검사의 보급에 따라 고용, 교육의 장에서도 유전자정보가 이용될 가능성이 높다는 점에 대해서도 논의를 해 나가야 할 것이라고 보고 있다.

예를 들어 성격이나 행동에 관한 유전자가 발견되었을 때, 그에 대한 정보를 이용해서 사원이나 학생을 선별하는 움직임이 발생한다면 어떻게 대처할 것인가라는 문제에 대해서도 미리 연구가 필요하다는 것이다.

인간의 성격이나 행동패턴은 한 개의 유전자를 가지고 있는지 아닌지에 따라 설명할 수 있을 만큼 간단한 것이 아니다. 그러나 어떤 사람이 어떤 유전자를 가지고 있는지 전부 알 수 있는 날이 있으리라는 것은 충분히 있을 수 있는 것이다. 그때, 부당한 차별이 발생하지 않도록 미리 손을 써놓자는 것이 유전자연구의 성과를 스스럼없이 사회나 산업계에 전개해 나가기 위해 필수불가결한 사항이라 할 수 있다.

전문가 조직결성

아무런 대책마련이 없는 상태에서 문제가 발생한다면, 유전자 연구를 의료나 산업계에 응용하는 것에 대한 부정적인 분위기조성을 초래하는 결과를 가져올 것이다.

나카무라씨에 따르면, 프라이버시는 법으로 보호되어야 되다고 한다. 미국처럼 프라이버시 침해를 당한 자에게 막대한 배상금이 나온다면 몰라도 그렇지 않다면 누군가가 고의적으로 정보를 유출시키는 경우가 발생할 가능성이 있다. 또한 그는 최악의 경우를 생각해서 그에 대한 대책을 마련하지 않으면 그로 인해 불행한 피해자가 속출할 것이다라고 한다.

미국에서 발행된 '인간 복제 제작은 절대적으로 찬성'이라는 책이 있는데, 이 책에서는 무거운 유전병을 앓는 여성이, 그 유전병이 100% 태아에게 유전될 가능성이 있다고 했을 때, 복제문제에 대해 자신이 옳다고 생각하는 이유, 또한 그에 대해 반론하는 사람들의 의견 등이 적혀 있다. 다케베씨는 일본에서도 의학계의 교수들이나 윤리학자들 간의 이러한 의견발표의 자유도가 절실히 필요하다는 의견을 밝혔다.

문제가 문제인 만큼 이에 대한 논란은 계속 될 것으로 보인다. 그러나 공개토론회 등을 개최해 서로의 의견을 수렴하고 신뢰관계를 구축하는 외에는 별다른 방법이 없다고 본다. 현재도 과학기술회의 등에 생명윤리위원회 같은 것이 있다.

그렇지만, 현재의 시스템이 충분하다고 볼 수 없는 것은 뇌사장기이식 문제를 둘러싼 논란을 보면 잘 알 수가 있다.

이번 토론회에서는 한가지 의견이 모아진 것이 있다. '국민의 입장에서 신뢰할 수 있는 전문가를 모아 상설 상담조직을 설치한다. 의료문제, 또는 보험문제에 대해 전문가들의 조언을 모아, 모든 정보는 거기가면 얻을 수 있다는 체제를 구축한다. 연령에 관계없이 국제적으로 인정받고 있는 사람의 의견을 반영할 수 있는 조직을 만든다'는 것이 현재 상태로서는 최선의 해결책이라는 의견들이었다. 미국에서는 이미 이러한 조직이 결성되었다고 한다.

· 에 · 필 · 로 · 그 ·

지금까지 살펴본 대로 유전자·바이오 기술이 산업, 사회에 큰 영향을 끼치는 것은 의심할 여지가 없다고 생각한다.

의료분야에서는 진단, 치료, 신약개발에 유전자·바이오기술의 이용으로 큰 변화를 가져다 주었다. 지금까지 치료법이 없었던 불치병을 고칠 수 있는 가능성을 기대할 수 있게 되었다. 또한 치료법 그 자체가 기성의 방법에서 '커스텀 메이드' 형식으로 바뀌고 치료의 대상도 다수의 대중에서 개인을 대상으로 정밀하고 구체적인 개별치료 시스템으로 전환을 시도하고 있다.

의료분야에서 유전자 기술이 본격적으로 등장하기 시작한 것은 1990년 초로서 인공투석의 치료를 받고있는 환자의 빈혈을 개선시키는 엘리스페친, C형간염 치료에 사용되는 유전자 변형 인터페론 등, 소위 '바이오 의학(생물의학)'이 유전자조작을 이용해서 생산되게 되었다.

다시 말해서 바이오 의약품의 등장으로 의약품생산, 개발에 유전자변형 기술이라는 새로운 방법이 더해졌다. 그에 인해 개별치료가 실현된다면, 약의 개발, 생산

뿐만 아니라 사용방법에까지 영향이 미칠 것이다. 의약기업에 있어서 그에 대한 영향은 바이오 의약품이 임상현장에 등장했을 때보다 한층 클 것이다. 앞으로 유전자 연구개발에서 보다 적절한 방침이 요구된다.

농업·환경분야에서는 유전자변형 농작물의 중요성이 한층 고조될 전망이다. 제4장에서 거론한 것처럼, 현재 실용화되어 있는 것은 유전자변형 농작물의 제2세대라고도 할 수 있는 것으로서, 비교적 간단한 유전자변형에 의해 만들어지고 있다.

생산자나 기업에 있어서 메리트가 있다 하더라도 소비자를 중심으로 일반인들에게는 그다지 커다란 이점을 찾을 수 없다는 게 특징이다.

이에 대해 장래 등장하는 유전자변형 상품은 많은 영양분을 함유하는 농작물 등 소비자의 수요에 대응하는 것이 주류를 이룰 것이다. 또한, 사막에서 식물을 재배할 수 있는 여건이 만들어져 식량 증산에도 큰 몫을 할 수 있으리라 내다보고 있다.

지금도 유전자변형 농산물의 재배경작지는 점차로 증가 추세를 보이고 있으나, 누구나 납득할 수 있는 이점이 있는 농작물이 개발된다면, 그 경작지는 한층 증가 추세를 보일 것이다.

의료, 농업, 환경분야의 모든 부분의 주춧돌이 되는 유전자나 제놈연구는 앞으로도 국내외를 막론하고 가속화될 전망이다. 그런 가운데 전문가들의 토론회에서는

'제놈연구가 생명의 구조를 규명하는 기초연구라고 보는 것은 안이한 생각이다'라는 지적이 속출했다. 의료, 산업으로의 응용이 눈앞에 다가와 있는데도 불구하고 생명의 신비 운운하는 것에 연연할 시기가 아니라는 것이다.

그러면서도 유전자를 중심으로 하는 생명과학의 연구는 순수한 사이언스로서 대단한 매력을 지니고 있다. 산업기반을 재정비하기 위한 연구와 학문적인 연구를 구분하기는 매우 어렵다.

그러나 양쪽 모든 분야에 투입하는 자금이나 인력의 비율설정을 자칫 잘못한다면, 21세기의 유전자·바이오산업에서 일본기업이 매우 어려운 입장이 몰리게 된다. 한편, 유전자·바이오 기술이 안고있는 윤리적, 사회적 문제에 대해서는 미래지향성 토론을 거듭하지 않으면 안 된다.

클론기술, 유전자 진단 등의 기술은 자칫 잘못 사용하면 커다란 위기를 몰고 올 가능성이 다분하다. 그러나 적절한 사용법은 인류에게 매우 큰 이익을 가져다 줄 것이다. 그렇다면 어떻게 적절하게 기술을 활용할 것인가 하는 구체적인 방안을 모색하는 토론 역시 커다란 과제로 남아있다.

앞으로는 전문가뿐만 아니라 일반인들도 윤리적, 사회적인 문제로 대두되는 토론에 적극적인 참가의 필요성이 요구되고 있다. 새로운 기술을 접하고, 게다가 실용

화 과정을 행동으로 옮기는 기업이, 발생 가능성이 있
는 문제를 확실히 규명하고, 그에 대한 대처방안을 구
체적으로 정립해서 제안할 수 있다면, 토론은 보다 손
쉽게 진행될 수 있다.

타분야로의 확실한 확산 조짐

유전자 기술은 의료, 농업, 식품분야에서 보다 광대한
범위에 걸쳐 확산될 가능성을 보이고 있다. 정보통신
분야와 융합시키기 시작한 것은 물론이려니와 더 나아
가서는 상상을 초월하는 분야로 확대되어 산업전반에
걸친 기반이 될 것으로 내다보고 있다.

그에 대한 조짐이 이미 시작되었다. 한가지 예를 들
면, '오락분야'가 그렇다. 유전자라는 삭막한 단어와 지
극히 인간적인 오락분야에는 그 어떤 연관성도 찾을 수
없지만 이에 대한 구체적인 시도가 이미 시작되었다.

언뜻 보기에는 보통의 분말이지만, 물이나 젖은 천에
묻히면 반짝반짝 빛을 내는 '호타라이트'라는 상품이
있다. 이것은 종이로 만든 눈을 대신해서 화려한 결혼
식장에서 하얀 눈을 날리게 하는 소도구로서 많이 판매
가 되고 있다. 깃코망이 유전자변형 기술로 제작, 모리
신(盛進:본사 동경에 위치)이 판매하고 있는 재미있는
상품이다.

'오락'이라는 응용분야는 유전자·바이오 기술의 본래
취지와 어긋난 것인지도 모른다. 그러나 1990년 후반,

주식회사 반다이의 타마곳치가 대히트한 것을 보면 알 수 있듯이 소비자의 마음을 사로잡을 수만 있다면 위와 같은 상품은 커다란 기업에 이익을 가져다 줄 것이다.

DNA의 정보전달 시스템을 참고로 종래에는 없던 새로운 생산 시스템이나 제조공정을 창출해내려는 움직임도 일고 있다. 생물분야에서는 설계도인 DNA에서 단백질이 만들어져, 그 단백질이 생물 체내에서 각종 반응작용을 담당한다.

단백질은 세포를 제어해, 복잡한 작업을 처리하는 장기나 기관을 만든다. 이러한 구조를 참고하면 산업에서도 소재를 부품으로 가공해서 제품을 생산하는 기존의 생산시스템에 큰 변화를 가져올 것임에 틀림없다.

설계도를 만들어 놓으면, 재료가 부품으로, 부품이 제품으로, 스스로 성장해 갈 수 있는 생산 시스템이 가능할 지도 모른다. 고베(神戶)대학의 우에다 야스시교수는 '생물지향성 시스템'은 위와 같은 생각의 한 방향제시를 하고있는 게 아닌가하는 소견을 밝혔다.

지금까지 생물의 조직을 컴퓨터에 응용하는 시도는 있었다. '뉴럴 네트워크'나 '인공지능'이 바로 그것이다. 이들 대부분은 뇌나 신경세포가 정보를 처리하는 조직을 참고로 만들어진 것이다. 조금씩 이러한 성과를 거두기 시작했으나 기존 생산시스템을 완전히 변화시키기에는 아직 멀었다.

뇌나 신경조직뿐만 아니라 DNA의 구조를 응용할 수

만 있다면 새로운 과학의 약진이라 하지 않을 수 없다.

이러한 움직임을 보더라도 유전자·바이오 기술에는 상상을 초월하는 이용가치가 있다는 것을 알 수 있다. 각계 산업에서는 향후 산업전반에 걸쳐 유전자·바이오 기술의 시점에서 소비자의 수요에 입각한 연구개발이나 상품기획이 필요하다고 본다.

유전자·바이오 분야의 성과는 직접 그것과 관련되는 의료·약품·식품 등의 산업뿐만 아니라 광범위한 연구에 주목한다면, 연구개발이나 제품개발에서 커다란 힌트를 얻을 수 있을지도 모른다.

IT산업과 어깨를 나란히 할 수 있을지도

한 가지 기술이 타 분야에 침투해간다고 하는 것은 어딘지 모르게 IT(정보통신기술)와 유사한 점이 있다. 현재 기술분야들 속에서 산업계에 가장 큰 영향을 끼치고 있는 것이 IT라는 것쯤 이미 많은 전문가들이 지적하고 있다.

닛케이산업소비연구소에서도 1998년부터 연구소 전체의 테마의 하나로써 '네트워크사회의 미래'를 연구하고 있다.

유전자기술은 IT 못지 않은 영향을 끼칠 소지를 가지고 있다. 닛케이산업연구소는 이런 기술이 어떤 분야에 어떤 영향을 끼치고 있는지를 조사하고 있다. 어디까지나 시도 단계에 있지만, IT와 유전자기술이 각 산업분

●유전자기술과 정보통신기술이 산업에 끼치는 영향의 비교		
	유전자기술	정보통신기술
엘레트로닉스	◎	◎
의료·건강	◎	◎
식량·식품	◎	
환경	◎	
에너지	◎	◎
운송·관광		○
광고·인쇄	◎	◎
통신·방송	○	◎
유통·거래		◎
금융·증권		○
보험·서비스	◎	
기계공업	○	◎
화학	◎	
건설·부동산		○
게임·오락	◎	◎
행정	◎	◎

야에 끼치는 영향에 관점을 두고 비교한 결과로 위와 같은 표를 만들었다. 이 표에서 보면, 유전자 기술이 관여하는 산업분야가 정보통신기술처럼 매우 많다는 것을 알수가 있다. 그리고 식품환경, 보험·서비스, 화학과 같은 분야에서는 유전자기술이 정보 통신기술을 상회하는 영향력을 끼칠 것이라는 예상이다. 산업전반에 끼치는 영향에 있어서 유전자기술이 수년 후, 정보통신 기술

이상으로 막대할 것이라는 가능성을 보여주고 있다.

유전자기술은 광(光)부분 뿐만 아니라 그림자부분을 가지고 있다는 점에서도 정보통신기술과 유사한 성격을 띠고 있다. IT는 정보이용의 가능성을 확대시킴과 동시에 차별의 계기가 되기도 한다는 실태를 가지고 있다.

1998년 말, 일본에서 인터넷을 이용하여 청산가리를 판매, 자살을 조장하는 불행한 사건이 발생하기도 했다. 응용범위가 광대하면 할수록 선의만으로 기술을 피력할 수 없다는 것을 IT와 유전자 기술이 상징하고 있는 것 같다.

또한, 기술개발을 이끌어 가고 있는 것은, 시장 점유율이 높은 대기업보다도 유연하게 새로운 상황에 대응할 수 있는 벤처기업이나 개인이 유리하다는 점에 있어서도 두 기술의 공통점이라 말할 수 있다. 미국에서 정보통신기술 분야의 벤처기업의 억만장자 경영자가 속출하는 현상은 유전자·바이오 기술 분야의 미래의 모습을 예견하게 하는 듯하다.

수요에 의한 기술 점검의 필요성

닛케이산업소비연구소에서는 유전자 관련 분야에 대해서 앞으로도 계속해서 연구를 해 나갈 방침이다. 당연구소는 1991년에 연구·편집활동의 성과를 정리해 "비·상식의 기술-새로운 세기를 여는 26가지의 기상천외한 발상"(일본사이언스사 발행)을 간행했던 적이 있다. 거기서 '마찰의 전기 제어-역전압을 걸어 마찰을 감소화' 등 8건의 싹트기 시작한 비·상식기술과 함께 '스카이 라지에이터-우주공간에 열을 방출하는 쿨러' 등 '수요에 대응하는 비·상식기술'이라는 구체적인 예를 제시했다.

유전자기술에 대해 향후 연구를 추진해 나가는 경우에도 같은 발상으로 기술이라는 차원에서 어떤 산업이 탄생할 것인지를 탐구하는 것이 아니라 앞으로는 역 이용자의 시점, 즉 수요자 차원에서 유전자 관련 분야를 관찰하고 싶다고 생각하고 있다.

또한 연구개발 현장에서의 사고방식으로는 새로운 기술은 종자에서 시작되어 제품으로서 결실을 맺는다. 화학, 물리, 생물학 등의 사이언스 연구 성과가 기술이라는 싹을 티워 드디어 산업으로 발전해 가는 것이 정상적인 흐름이라고 생각하는 경우가 많다. 그러나 전혀 반대방향으로 흐르는 경우가 더 크게 작용할 가능성도 있다.

이 책에서는 유전자 치료, 제놈 창약(創藥), 유전자변형 식품 등 각각의 유전자 기술의 실용화, 산업화를 향한 최전선의 동향을 소개해 왔다.

물론 산업에 응용시키기 위해서는 기술의 베이스가 되는 현상을 과학적으로 규명하거나, 기술적인 가능성의 검토, 또는 기술을 활용하기 위해 한 단계 높은 기술의 약진 등, 과학, 기술분야에 있어서의 발전도 중요하다고 본다. 그러나 그뿐만이 아니라 수요의 조정, 상

품으로서의 부가가치 산출 등, 마켓 차원에서의 기술검
증도 필요하다.

또, 기술내용을 명백히 밝힌다거나, 안전성 증명, 크레
임 처리의 투명성 등 산업계의 상식에서 벗어나지 않는
기준이 중요시될 것이다.

닛케이소비산업연구소에서는 앞으로 관련기술의 사전
예측 등을 통해서 미래차원의 시점에서 유전자·바이오
기술이 산업계에 미치는 영향을 검증하는 것을 목표로
활동을 계속해 나갈 방침이다.

※ **참고**

신문에 보도된 유전자 관련기사
250면에서 270면까지

생물 전문업체·정부·출연硏
공동출자

'바이오 벤처센터' 문연다

대덕단지에… 생명공학硏서 기술·기기 지원
내달초 체외진단시약 개발등 20여社 입주

벤처기업과 정부·출연연구소가 공동으로 '바이오 벤처센터'를 세워 3월부터 본격적인 운영에 들어간다. 대덕단지내 생명공학연구소 한켠에 자리잡은 이 바이오 보육센터의 설립을 위해 바이오로직스를 비롯한 20여개 벤처업체들이 10억원, 중소기업청 등이 8억원을 출연, 총18억원을 투입했다. 벤처업체들은 6백여평 규모의 건물공사가 끝나는 3월 초부터 입주를 시작한다. 바이오 벤처센터는 국내 최초의 생물벤처 종합단지로, 벤처기업이 공공자금 지원분보다 많은 액수를 투자해 보육센터를 세우는 것은 이번이 처음이다.   <그림 참조>

생명공학연구소 생물산업벤처사업단의 조성복 실장은 "이번에 입주하는 20여개 업체들은 하나같이 기술력에 자신감을 갖고 있어 이러한 새로운 형태의 보육센터가 탄생하게 됐다"고 말했다. 입주업체들은 향후 10년간만 업무공간을 보유한 뒤 생명공학연구소

에 기부채납할 예정이다.

생명공학연구소 복성해 소장은 "연구소가 보유한 고가 실험기기 등을 입주사들이 언제든지 사용토록 할 계획"이라며 "2대 1의 경쟁을 거친 입주업체들의 경우 '거품'이 없는 알짜업체들"이라고 말했다. 복소장이 개발을 주도한 동맥경화예방치료제도 센터에 입주하는 한 업체에 넘겨져 상용화된다.

역시 생명공학연구소 출신인 이영익 박사도 국내 최초로 개발한 체외진단시약 등을 발판으로 이곳에서 사업기반을 다질 예정이다. 이밖에 흙살림(대표 이태근)은 환경친화형 미생물제제를 생산하고 제일화학(대표 심광경)은 천연의 항산화제 개발에 나설 계획이다.

조실장은 "입주업체들은 국내 최대·최고품질의 생명공학연구소 전문인력으로부터 항상 기술조언을 받을 수 있다"며 "추가 입주를 희망하는 업체가 많아 상반기 중으로 건물을 증축할 계획"이라고 말했다. 증축에 드는 비용은 산업자원부가 지원할 방침인 것으로 알려졌다.

대덕단지=김창엽 기자
<atmos@joongang.co.kr>

(중앙일보 2000. 2. 3)

유전자 매매·검사·

2030년을 살고 있는 한 남자의 이야기다. 2003년 인간의 게놈(genome·생물이 갖고 있는 유전정보 전체)이 완전 규명된 이후 눈부신 발전을 거듭한 생명공학의 영향으로 인간의 삶은 지금과 판이하게 달라져 있다. 그의 일상생활을 통해 '유전자 시대'를 예측해 보는 것도 흥미로울 것이다.

그는 냉장고에서 여러 가지 과일과 채소를 꺼내 간단히 식사를 해결한다. 이들의 포장에는 유전자가 조작된 식품(GMO)이라는 표시가 되어 있다. 21세기 초에 유전자 조작 식품을 거부하는 운동이 거세게 일어났지만 폭발하는 인구와 노령화, 그리고 안전한 유전자 조작 식품의 개발로 지금은 거의 대부분의 식품이 유전자가 조작돼 생산되고 있다. 유전자 조작이 안된 식품은 특정 가게에서나 겨우 살수 있다.

그의 책상에는 엊저녁에 들어온 여러 가지 종류의 유전자 주문들이 쌓여 있다. 인간 게놈 프로젝트 이후 본격화된 유전자들에 대한 기능연구로 전 세계에는 21세기 초에는 생각지도 못했던 여러 가지 직업들이 탄생한다. 대표적인 것이 유전자 중개상과 검색사 그리고 치료사이다. 즉 유전자를 사고, 팔고 검사하고 치료하는 직업들이다. 유전자 정보학, 수학생물학, 유전자원리학 등 다양하고 새로운 학문들도 많이 등장했다.

2030년쯤에는 유전자 치료가 보편화될 것이다. 대부

치료 보편화

분의 유전병들은 20세기 말에 개발이 시작된 DNA칩(chip)을 가지고 검색이 가능해졌기 때문에, 이상이 예상되는 많은 사람들이 미리 건강한 유전자로 치료를 받고 있다. 유전자 중개상은 유전자 치료 병원에서 요구하는 유전자를 확보해 공급하는 역할을 맡는다.

옛날에는 좋은 유전자를 확보하기 위해서 그 유전자를 가진 사람의 DNA가 필요했지만, 21세기 초에 개발된 DNA 합성기술로 아무리 긴 유전자도 기계에서 합성해 만들어낼 수 있다. 이것은 사회, 윤리적으로 많은 논란이 되고 있다. 병을 예방하기 위해 치료받는 사람 이외에도 대머리 치료와 같이 미용을 위해 유전자조합을 하는 사람들이 많고, 특히 태어나지도 않은 아기까지 자신이 원하는 외양과 성격으로 만들려는 움직임이 일고 있다.

1998년에 만들어진 헐리우드 영화 '가타카'에서처럼 취업을 할 때도 우성의 유전자를 가진 사람을 뽑거나 보험료를 차등적용하려는 움직임이 우려되기도 한다. 하지만 인류는 많은 논란 끝에 2010년경 '자신이 가진 유전자에 의해 어떠한 부당한 대우를 받을 수 없다'는 법을 완성한다. 하지만 많은 곳에서 유전자 때문에 법정 소송과 논쟁이 끊임없이 이어질 전망이다. 그런 이유로 유전자 소송 전문 변호사의 광고가 여기 저기에서 자주 등장한다.

학교들도 많이 변해서 DNA칩으로 적성검사를 하고, 개별 학생들에게 가장 유전적으로 적합한 맞춤교육을 실시한다. 앞으로 가장 많이 들는 말은 "DNA 검사 해 봐!"가 될 것이다.

한국진씨 역시 부모님의 열화와 같은 성화에 못 이겨 유전자 검사를 마친 후 선을 몇 번 본적이 있다. 유전자 궁합상으로는 분명히 잘 어울릴 확률이 높은 여성도 마음이 끌리지 않는다.

개인에서의 유전자에 대한 많은 것을 알아냈지만 인간 사이에 벌어지는 미묘한 감정까지 조절하는 단계까지는 아직 발전하지 못했기 때문이다.

유전자 벤처로 큰 돈을 벌었다는 친구와 저녁을 먹기 위해 잠시 외출한 것을 빼고는 하루종일 전 세계에서 쏟아지는 유전자 주문을 처리한 그는 피곤함을 덜기 위해 그를 위해 제조된 약을 하나 먹는다.

21세기 초에 완성된 게놈 연구 후에 개인의 유전자 차이를 연구하는 움직임이 제약회사를 중심으로 거세게 일어나, 자신의 몸에 딱 맞는 약들을 조제한다. 부작용도 없고 효과는 무척 좋다.

21세기를 대표할 학문이 생명공학이라는 것을 의심하는 사람은 아무도 없으며, 지금 이 분야에는 물리학, 수학, 공학, 전산학 등 여러 가지 학문이 융합되고 있다.

얼마 전에는 미국의 대표적인 컴퓨터 회사인 IBM에서 기존의 슈퍼컴퓨터보다 500배 이상 빠른 블루진 (Blue Gene) 이라는 슈퍼 컴퓨터를 만들어 유전자의 기능 분석에 사용할 것이라고 발표했다. 또한 미국의 범죄수사국에서는 2년안에 DNA 칩을 모든 경찰차에 실어서 범인 검거에 사용하겠다고 발표도 했다.

우리도 모르는 사이에 유전자를 이용한 기술은 우리 주변에 급속도로 다가서고 있다. 인터넷이 몇 년만에 우리의 생활과 문화를 바꾸었듯이 앞으로 다가올 '유전자시대'에는 우리의 삶과 가치관도 엄청나게 바뀔 것이다. 이러한 시대를 대비하기 위해서는 모든 국민이 정확히 유전자시대를 대비할 수 있도록 많은 교

육과 논의가 이루어져야만 할
것이다.
    또한 유전자시대라는 새로
운 환경에서 개인의 권리와
사회의 이익이 어떻게 동시에 보호 될 수 있는 지에 대
한 연구가 이루어져야 할 것이다. 모든 과학 발전은 사
용 방법에 따라 인류에게 도움도 되고 해악도 될 수 있
기 때문이다.
●황승용 한양대 생화학·분자생물학과 교수

■ 인간 게놈프로젝트 어디까지

    '생명의 설계도'라고도 불리는 인간유전자지
도가 완성을 눈앞에 두고 있다. 미 에너지부와 국
립보건원(NIH)은 사람 유전자의 전체구조를 밝
히는 인간게놈프로젝트(HGP)를 진행 중이다.
    지난 90년 10월 시작된 이 프로젝트는 2003년
30억개에 달하는 사람 유전자의 염기서열을 완전
히 해독하는 것이 목표다. 원래 2005년 완성예정
이었지만 벤처기업들이 독자적으로 연구를 진행
하는 바람에 2년을 앞당겼다. 올 여름쯤엔 인간
염색체 23쌍에 대한 초벌 해독결과를 발표할 예정
이다.
    미국의 생명공학회사인 '셀레라'는 최근 인간
유전자 97%를 규명했으며 오는 6월에는 인간 유
전자지도를 100% 밝혀내겠다고 공표, 공공부문
연구자들을 초조하게 하고 있다.
    세계 각국의 유전공학자들은 왜 이렇게 인간의
유전자 정보에 매달리는 것일까. 그 이유는 '불로

'생명의 설계도' 유전자지도
2003년 염기서열 완전 해독

난치병 치료·노화 억제 가능
불로장생 염원 실현의 열쇠

장생'의 염원을 실현시키는 열쇠가 되기 때문이
다.

유전자 지도를 이용해 암 백혈병 등 난치병을
조기에 발견해 치료하고, 유전자 변형을 막아 질
병을 차단해 버리는 것도 가능해 진다. 노화와 관
련된 유전자들이 규명되면 노화진행을 억제하는
법을 찾아내는 것은 간단한 일이 된다. 개인별 유
전자 정보의 특성에 맞춰 유전자 약물을 처방하
는 '주문형 의약품'이 개발되면서 인간은 질병으
로부터 자유롭게 된다.

하지만 인간게놈프로젝트가 완성된 이후의 세
상이 마냥 희망으로 가득찬 것은 아니다. 좋은 유
전자들로만 조합된 '맞춤아기'가 보편화 되면서
우성(優性) 인간과
그렇지 못한 열성
(劣性)인간이 구분
되는 새로운 계급사
회가 될지도 모른
다. 난치병 치료를
위해 유전자를 사용
할 때마다 일일이
비싼 특허료를 물어
야 할 것이다. 인류

공동의 선을 목표로 시작된 프로젝트가 선진국의 일부 기업에 엄청난 이익을 제공하는 결과를 낳게 된다.

세계의 많은 비정부기구들이 맞춤아기의 탄생과 유전자 특허에 강력히 반대하며 게놈프로젝트의 사회적 파장을 우려하고 있다. 생명의 비밀은 풀었지만 인류는 또 다른 과제를 안게 된 셈이다.

◉ 함혜리기자 lotus@kdaily.com

(대한매일 2000. 2. 3)

형광표식을 이용해 분석된 DNA 염기서열. 유전체의 기능을 분석하는 방식으로 정상유전자와 특정 유전자를 분간하는데 활용된다.

DNA 중개상·검색사 등 신종직업 등장
적성검사도 DNA로… '맞춤교육' 실시
게놈 프로젝트 완성 유전병 치료 일반적
유전자조합 우성인자만 지닌 인간 탄생

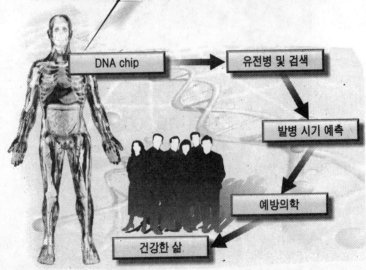

DNA chip → 유전병 및 검색

발병 시기 예측

예방의학

건강한 삶

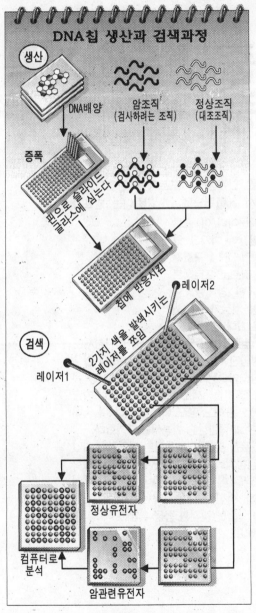

DNA칩 생산과 검색과정

생산

DNA배양

암조직
(검사하려는 조직)

정상조직
(대조조직)

증폭

핀으로 슬라이드
글라스에 심는다

칩에 반응시킴

레이저2

검색

2가지 색을 발색시키는
레이저를 쪼임

레이저1

정상유전자

컴퓨터로
분석

암관련유전자

(대한매일 2000. 2. 3)

美증시 유전자공학 열풍

이처럼 미국의 생명공학주가 급등한 것은 지난해 10월 인간 게놈 프로젝트 완료시기를 2003년에서 2001년으로 앞당기겠다는 발표가 있었기 때문이다. 이 프로젝트는 인간이 가지고 있는 30억쌍의 DNA 구조를 해석하는 것으로 프로젝트가 완성되면 암·당뇨병 등 난치병 치료가 가능해질 것으로 기대되고 있다.

◇국내 생명공학주도 움직일까=대신경제연구소의 정명진 책임연구원은 "우리나라의 경우 신물질 창출기술은 크게 뒤떨어진 상태지만 유전자 재조합 기술·세포 융합기술 등 기초기술과 발효기술은 어느 정도 확보돼 있다"며 국내 생명공학주의 동반상승 가능성을 제기했다.

그는 재료를 갖고 있는 유망한 생명공학 기업으로 삼성정밀화학(유전자 진단키트)·LG화학(항응혈제·에이즈 치료제)·동아제약(에이즈 유전자 백신)·대웅제약(상처치유 조절제)·한미약품(형질전환 동물 흑염소 메디) 등을 추천했다.

(중앙일보 2000. 1. 26)

생명과학에 2,232億 투자

파기·신자부 업무보고
계듬연구 年100억 지원

21세기 주력산업의 핵심으로 떠오른 생명과학 기술에 대한 투자가 대폭 강화된다.

서정욱(徐廷旭)과학기술부장관은 16일 대통령에 대한 연두 업무보고에서 올 한해 2천2백32억원을 생부처적으로 생명과학 분야에 투입할 계획이라고 밝혔다.

파기부는 이같은 사업의 일환으로 인간유전체 연구(일명 휴먼게놈프로젝트)와 자생(自生)약용식물의 신물질 연구에 매년 각각 1백억원 안팎을 지원한다.

인간유전체 사업의 경우 한국인에게 빈발하는 위암·간암·위전자 규명·치료법 개발에 주력, 10년 내에 이들 질병에 대한 완치율을 현재 20% 수준에서 60% 수준으로 끌어올릴 계획이다.

정부는 이와 함께 환경기술·신소재·정보기술·차세대반도체 등을 5대 주력 연구분야로 선정, 매년 수백억원 안팎을 집중 투입한다.

한편 이날 김영호(金泳鎬)산업자원부장관은 대통령 업무보고에서 생물· 정보기술(IT)·광(光)·초전도·멀티미디어·환경설비산업 등 6개 분야를 '21세기 돌파산업'으로 선정, 전략적으로 육성키로 했다고 밝혔다.

이를 위해 산자부는 주요 신업·문화 단지에 디자인혁신센터(DIC)를 설치하고 수출 유망상품의 디자인 혁신 지원을 강화하는 한편 총 7백91억원을 투자해 춘천 생물산업벤처기업지원센터·대전 생물의약지역기술혁신센터·인천 생물산업기술용화센터 등을 올 안에 설립, 생물산업 혁신 거점으로 활용키로 했다.

김중엽·홍병기 기자
< atmos@joongang.co.kr >

(중앙일보 2000. 2. 17)

"생물산업은 21세기 寶庫"

美·日·유럽 본격투자 나서

생물산업은 인류에게 아직 미개척지로 남아 있는 분야. 그만큼 발전가능성이 무궁무진한 '무한대의 성장산업' 이기도 하다. 정부의 생물산업 육성정책은 그런 면에서 본다면 '노다지'에 뒤늦게 눈을 든 셈이다.

생명공학 신약개발 생산자 등 생물산업 부문이 그 잠재력을 주목받기 시작한 건 70년대. 아직도 정보통신 시장에 비해서는 시장규모가 작지만 90년대 들어 연평균 32%의 성장률을 보일 만큼 고속성장을 거듭했다.

미국 유럽 일본은 생물산업을 정보통신 분야와 함께 21세기 신 양대전략의 양대축으로 설정하고 집중적인 투자를 하고 있다.

통신 마이크로일렉트로닉스와 함께 3대 과학기술이 하나로 선정돼 지원하고 있다. 연방정부 12개 부처가 작년에 생물산업에 쏟은 돈은 180억달러.

일본은 작년부터 본격적으로 '미국 따라잡기'에 나서 '바이오 테크놀로지 산업 경쟁을 위한 기본전략'을 내놓고 약 2900억엔을 투자했다. 유럽 각국도 저마다 '바이오 플랜'을 마련하고 돈을 아끼지 않고 있다. 이에 비하면 아직 신약 하나 개발하지 ~못한 우리나라로는 '이제 겨우 명함을 내밀려고 하는' 수준. 전문가들은 "21세기 세계 신산업의 최대 쟁점은 생물산업이 될 것" 이라고 내다보고 있다.

〈이명재기자〉
mjlee@donga.com
(동아일보 2000. 2. 23)

이젠 '생물산업 벤처' 키운다

정부, 관련법 올 제정-'진흥원' 내년 설립
창업요건 완화… 전문펀드 만들어 지원

생명공학 의약품 등 정부가 21세기 '돌파산업'으로 설정한 생물산업 관련 벤처기업의 창업이 앞으로 매우 쉬워지고 자금지원을 받는 길도 크게 넓어진다.

이와 함께 생물산업 발전을 촉진하기 위한 법률이 마련되고 '생물산업상'이 제정되는 등 생물산업 발전을 위한 환경이 적극적으로 조성된다.

산업자원부는 22일 김영호(金泳鎬) 장관 주재로 생물산업 발전전략에 대한 간담회를 갖고 '21세기 바이오사회 구현을 위한 생물산업 발전 종합대책'을 발표했다.

이 대책에 따르면 정부는 생물산업을 21세기 고부가가치형 기반산업으로 설정하고 생물산업 인프라 구축 5개년 계획을 수립, 내년부터 기초기반 조성과 공동연구시설 確充 등을 단계적으로 추진하기로 했다.

산자부는 생물벤처기업의 창업을 활성화하기 위해 생물벤처기업의 등록요건을 크게 완화하는 한편 정부와 창업투자사 등이 산업자가 지원하는 전문투자조합을 설립해 생물산업지원 전문펀드를 조성하기로 했다.

중소기업청의 벤처투자조합을 자치진흥자금 가운데 일정 부분을 생물산업에 할당하는 방안도 토기로 했다.

또 정부의 연구개발 예산 가운데 생물산업에 대한 지원비중을 매년 1%포인트씩 늘려 99년 5.4%에서 2005년 10% 이상으로 늘어리기로 했다.

이와 함께 신약화 연구가 필요한 중점 기술개발과제를 단기 기간별 차세대 등으로 구분, 발굴해 세계적으로 지원해 나가기로 했다. 산자부는 또 생물산업 발전을 제도적으로 지원하기 위해 '생물산업 발전기본법(가칭)'을 올해 안에 제정하고 정부출연기관인 '생물산업진흥원'을 내년에 20~30명 규모로 설립하고 이후 인력을 계속 늘려나가기로 했다.

이밖에 생물산업에 대한 국민적 이해를 높이기 위해 '생물산업상'을 일정 제정, 연구개발자와 벤처기업인 전문경영인 등 생물산업 발전에 기여한 인물에게 시상할 계획이다. 〈이명재기자〉

mjlee@donga.com

（동아일보 2000. 2. 23）

'만능 세포'로 쥐 복제

美 대학연구팀 성공

[도쿄=남윤호 특파원]미국대학의 일본인 연구팀이 모든 장기나 조직의 세포로 사용할 수 있는 이른바 '만능 세포'로 불리는 배성간(胚性幹)세포(ES세포)를 통해 세계 처음으로 복제쥐를 탄생시키는 데 성공했다고 20일 아사히(朝日)신문이 보도했다.

이를 통해 유전자변형동물의 생산을 한층 대량화할 수 있으며 궁극적으로는 인간이 태어나기 이전 단계에서 병을 치료할 수 있는 유전자 치료기술의 개발에도 크게 기여할 것으로 보인다고 이 신문은 전했다.

특히 유전자병에 걸린 부부가 체외수정을 한 후 수정란의 ES세포의 유전자를 조작해 건강한 아기를 낳을 수 있도록 하는 기술도 이론적으로 가능해졌다고 아사히는 덧붙였다.

지금까지 일본에서는 생식세포에 해당하는 ES세포의 유전자를 조작해 유전자변형 동물을 탄생시키는 것이 금지돼왔다.

<yhnam@joongang.co.kr>

(중앙일보 2000. 2. 21)

질병완치'길'을 찾았다
遺傳子 암호 인간게놈 배열
두달 뒤면 완전 解讀

클린턴 공식 발표

[마이애미 AP=연합]빌 클린턴 미국 대통령은 지난달 29일(현지시간) 두 달 뒤면 인간의 특성들을 후손에게 전달하는 유전자 암호인 인간게놈의 배열 순서를 해독하는 작업이 완료된다고 밝혔다.

<관계기사 13면>

클린턴 대통령은 이날 마이애미에서 열린 민주당 선거자금 모금행사에 참석, "두 달 뒤면 내 생애 최고의 발표를 하게 될 것이다. 우리는 인간게놈의 완전한 해독 사실을 발표할 계획이며, 생명의 설계도를 분석하는 작업에 착수할 것"이라고 말했다.

그는 "인간게놈을 완전히 해독하면 손상된 유전자를 차단해 당뇨병을 예방하는 등 수많은 과학적 발전이 이뤄질 수 있다"고 덧붙였다.

인간게놈 해독되면…

인간게놈 배열을 완전히 해독한다는 것은 과학이 생물의 신비를 한 꺼풀 더 벗겨내면서 유전과 관련한 생물공학이 비약적으로 성장할 수 있는 토대를 마련했다는 의미를 갖는다.

게놈 해독을 통해 인간 유전자를 전체적으로 파악하면 이를 바탕으로 각 유전자의 작용을 알아내 결함을 수정하고 기능을 강화하는 등 다양한 생물공학적 응용이 가능해지기 때문이다.

것으로 기대된다. 이를 통해 유전학은 21세기를 주도하는 학문이 될 것으로 예상된다.

◇게놈 해독이란─후손들에게 자신의 특성을 물려주는 유전자의 비밀은 DNA에 담겨 있다. DNA는 아데닌·시토신·구아닌·티

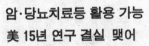

암·당뇨치료등 활용 가능
美 15년 연구 결실 맺어

민의 네가지 염기의 배열을 통해 인간의 특성과 인체 운용 프로그램을 기록하고 있다.

인간 유전자는 약 30억개의 염기로 구성돼 있다. 인간게놈 연구는 이들 염기가 어떤 순서로 배열돼 있는가를 밝히는 작업이다. 이 배열구조 자체가 일종의 디지털 정보에 해

유전자 지도를 통해 밝혀낸 질병을 일으키는 결함 유전자를 세포에서 제거하고 대신 수정(修正) 유전자를 주입해 질병을 치료할 수 있다. 예를 들어 암환자에게는 암세포의 자살을 유도하는 유전자 치료를 할 수 있으며, 당뇨환자에게는 인슐린을 충분히 생산할 수 있도록 유전자를 개선해줄 수 있다.

이러한 유전자요법은 유전질환·신경-근육질환·낭포성섬유증·일부 심혈관질환은 물론 암과 에이즈를 치료하는 데도 응용할 수 있을 당한다.

인간 유전자 수는 10여만개로 추정되고 있는데 기능이 밝혀진 것은 약 9천여개에 불과하다. 게놈 해독이 끝나면 나머지 9만여개의 기능을 규명하는 바탕이 마련된다.

◇미국의 연구진행과정=1986년 에너지부가 인간게놈 규명 프로젝트를 시작했으며 88년부터는 국립보건원(NIH)과 에너지부가 합동으로 연구를 진행해 왔다. NIH는 97년 게놈프로젝트를 총지휘할 국립인간게놈연구소 (NHGRI)를 세웠고 국제적 인간게놈 프로젝트(HGP)를 주도해왔다.

◇게놈 지도의 소유권=미 국립인간게놈연구소 등 참여기관 중 일부는 전체 자료를 무료 공개할 계획이다. 하지만 셀러라 지노믹스 등 다른 연구기관들은 상세한 정보를 제약회사 등에 판매한다는 계획을 세워놓고 있다. 셀러라 지노믹스는 초고속 해독기술을 개발해 당초 2003년께 끝날 것으로 예상된 인간게놈 배열 해독작업을 3년쯤 당긴 공로가 있어 무조건 무료공개를 요구하기도 어렵다.   채인택 기자
<ciimccp@joongang.co.kr>

(중앙일보 2000. 3. 2)

'바이오 벤처' 지원펀드 만들기로

생물산업 기반조성 나선 산자부

21세기 전략산업인 생물산업의 육성을 위해 연내 전문펀드를 조성하고 '생물산업 발전 기반조성에 관한 법률'을 제정함에 내년부터 생물산업 인프라구축 5개년 계획을 추진한다.

산업자원부는 22일 김영호(金泳鎬)장관 주재로 업계 전문가들이 참석한 가운데 토론회를 갖고 이같은 내용을 골자로 하는 '생물산업 발전 종합대책'을 확정·발표했다.

이에 따르면 2010년 세계 6위의 생물산업 선진국으로 도약하는 것을 목표로 ▷생물산업 성장환경 조성 ▷신생산 지원을 위한 인프라확대 ▷기술혁신을 위한 기술개발 체제 확립 등 3대 전략을 추진키로 했다. 산자부는 생물 벤처기업의 창업 활성화를 위해 다음달 중에 정부가 50억원을 출자하고 정부투자기관가 새물산업에 세계가 참여하는 전문

투자조합을 설립, 생물산업지원 전문펀드를 조성키로 했다.

이와 함께 중소기업이의 벤처투자조합 출자지원자금(2천억원)가운데 일정 부분을 생물산업에 의무적으로 할애토록 하는 한편 올해 안으로 생물 벤처기업의 등록 요건을 완화하고 관련 특허의 심사기간을 단축하는 등 창업 여건을 대폭 개선키로 했다.

또 생물산업 발전을 제도적으로 지원하기 위해 내년 중에 관련 인력 양성과 기술개발·인프라구축 사업을 추진할 '생물산업진흥원'을 설립하고 생물산업 발전촉진기금을 신설키로 했다.

2002년까지 인천 송도 테크노파크 안에 '생물산업기술 실용화센터'를 설립하고 2005년까지 업계 간 소시엄 형태로 유전자에 대한 각종 연구를 합동 수행하는 '유전체 연구소'

와 세포 단백질의 특성을 연구하는 '프로테오믹스 연구소'의 설립도 추진할 계획이다.

산자부는 이를 위해 생물산업 인프라 구축 5개년 계획을 수립, 내년부터 생물산업 공동연구시설 등 인프라 구축에 나서기로 하는 한편 중점 기술개발 과제를 발굴에 체계적으로 지원한다.

◇생물산업이란=생명공학기술(바이오 테크놀로지)을 바탕으로 생물체가 가지고 있는 기능과 정보를 활용해 인류가 필요로 하는 유용한 물질을 생산하는 산업이다.

유망상품은 각종 항생제·항암제·면역조절제·우량종자·무공해농약·기능성 식품 등으로 의약·환경·식품·농업·에너지·해양 등에 걸쳐 관련 분야가 다양한 것이 특징이다.

홍병기 기자
<klaatu@joongang.co.kr>

(중앙일보 2000. 2. 23)

에이즈 유전자로 치료한다

|뉴욕 | 에이즈 바이러스(HIV)의 증식을 80~90%까지 억제할 수 있는 유전자요법이 처음 개발됨으로써 에이즈 정복을 향한 새로운 길이 열렸다.

미국 필라델피아 아동병원 연구팀에 의해 개발된 이 에이즈 유전자요법은 아직 동물실험도 거치지 않은 초기단계지만 시험관 실험에서 그 효과가 입증되어 기대를 모으고 있다.

이 병원 면역전염병 치료실장 스튜어트 스타 박사는 의학전문지 '유전자요법' 최신호에 발표한 연구보고서에서 HIV를 전염된 세포에서 몸전체로 확산시키는 tat유전자를 무력화시키는 유전자요법을 개발했다고 밝히고, 시험관 실험이기는 하지만 이 방법으로 tat유전자의 HIV증식기능을 80~90%까지 차단할 수 있었다고 말했다. 스타 박사는 원숭이를 대상으로 이 유전자요법을 실험할 계획이라고 밝히고 이 동물실험이 성공적이면 앞으로 3~4년 안에 직접 에이즈 환자를 대상으로 임상실험을 시작할 수 있을 것이라고 말했다.

美 연구팀 유전자 요법 세계 첫 개발
바이러스 증식 80~90%까지 억제
효과 입증… 3~4년내 임상실험 계획

(중앙일보 2000. 2. 23)

"DNA분리물질 본격 수출"

생명공학 산업 핵심재료

高大연구팀 상품화 성공

日·英등 구매요청 쇄도

국내 처음으로 세계 생명공학 시장에서 경쟁력있는 제품이 나왔다.

고려대에서 생명과학연구소 이경일(李慶日·사진) 교수는 세균 세포 분리하는 키트를 개발해 1998년 국제특허(PCT/KR99/00160, 국제공개번호 WO99/51734)를 받았으며 각국에서 최근 상품화에 성공, 각국에서 판매요청을 받고 있다고 23일 밝혔다.

DNA분리 키트는 DNA 연구에 필수적인 유전공학신의 핵심재료. 올해 세계 시장규모는 3000억~5000억원이며 조만간 게놈프로젝트가 완성되고 DNA칩 개발, 유전자 치료가 활성화되면 수요가 급증할 전망이다. 그러나 독일의 키아젠사(社), 미국의 프로메가사(社) 등에서 키트의 특허를 선점해 다른 나라에선 상품화에 엄두를 내지 못했다.

이교수는 1990년대 초부터 분리키트 개발에 착수, 기존 키트와 다른 물질인 붕소규산 염으로 DNA를 분리하는데 성공해 DNA를 분리하는데 선진국의 특허장벽을 뚫고 있다(그래픽 참조).

현재 세계 시장의 65%를 장악하고 있는 키아젠사의 키트는 실리카겔에 DNA를 달라붙게 하고 있다. 이교수는 "키아젠사의 DNA분리 물질을 코팅, DEAE라 물질이 붙어 DNA가 순식간에 분리되는 것이 특징"이라며 "세계 연구기관이 독일 마스크랑고연구소의 최근 비교실험에서 확인됐다"고 밝혔다.

이교수는 2년 동안 국내 연구소에 이 키트를 납품하면서 제품의 단점을 보완해 왔으며 가격을 기존제품의 절반으로 낮췄다. 이에 최근 일본 홋카이도 사이언스 시스템사 및 영국의 EU바이오텍사 등으로부터 구매 및 기술이전 요청이 쇄도하고 있다. 이교수는 "현재 그래미디어 벤처기업이 에트나 진태의 녹십자의 요청업에서 제품을 생산하고 있다"며 "곧 개발할 국가 특허를 내고 국제 유통망을 갖춰 본격 수출에 나서겠다"고 밝혔다.

〈이성주기자〉
stein33@donga.com

(중앙일보 2000. 2. 24)

英, 臟器이식 가능한 돼지 복제 성공

유전자 조작으로 거부반응 줄여
4년뒤 인체이식 시도 이뤄질듯

복제양 돌리를 탄생시킨 영국 에든버러의 PPL 세러퓨틱스사가 인체에 장기를 이식해도 부작용이 없도록 유전자가 조작된 돼지로부터 세계 최초로 다섯마리의 복제 돼지를 생산하는데 성공했다고 BBC 방송이 14일 보도했다.

PPL 세러퓨틱사의 대변인은 "앞으로 4년쯤 뒤에는 복제 돼지의 장기가 대량으로 인체이식에 이용될 수 있을 것으로 예상하고 있다"고 말했다.

장기를 인체에 이식했을 경우 거부반응이 작도록 유전자가 조작된 돼지는 그동안 복제생산이 불가능한 것으로 인식돼 왔으나 이번 성공으로 대량 생산의 길이 열렸다.

다섯마리의 복제 돼지는 지난 5일 돌리를 복제할 때와 유사한 핵이식을 통한 체세포 복제방식으로 탄생했다.

복제 돼지들은 밀레니엄에서 딴 '밀리', 1967년 인간의 심장이식 수술을 처음으로 실시한 크리스천 버나드에서 따온 '크리스타', 이식수술을 개척한 노벨상 수상자 알렉시스 캐럴에서 비롯된 '알렉시스'와 '캐럴', 인터넷 사용 증가를 반영한 '닷컴'으로 명명됐다.

이번에 복제 돼지를 만들어낼 때 버지니아주 블랙스버그의 미국연구소에서 개발된 새로운 방식이 사용됐으며 미국측에서도 일부 연구비를 제공했다고 이 연구소는 밝혔다.

이번에 복제된 새끼 돼지들의 DNA는 세포를 제공한 돼지의 DNA와 동일하지만 대리모 돼지와는 다른 것으로 나타났다.

전문가들은 이번 복제 돼지의 성공이 약 6조원 이상의 시장가치를 지닌 것으로 판단하고 있다.

[BBC방송이 방영한 영국 PPL 세러퓨틱스사가 개발해 낸 5마리의 복제돼지]

(중앙일보 2000. 3. 15)

유전자特許 '땅따먹기' 경쟁

외국인들 先占노린 국내출원 크게 늘어

작년 총401건중 250건

유전자 관련 기술개발 경쟁이 치열해지면서 이 분야에서 외국인 특허 출원이 크게 늘고 있다.

13일 특허청에 따르면 지난해 국내에서 4백1건의 유전자 관련 특허가 출원돼 전년(2백72건)에 비해 50% 가까이 증가한 것으로 나타났다.

특히 외국인 출원(2백50건)이 내국인(1백51건)보다 월등히 많아 유망 유전자 선점을 위한 특허 경쟁이 뜨겁게 일고 있음을 보여주었다. 나라별로는 미국이 1백17건으로 압도적으로 많았으며 일본(48건)·독일(24건) 등이 뒤를 이었다.

외국인이 출원한 특허 중에는 아예 하나의 생명체 유전자를 몽땅 분석한 '융단폭격식' 출원도 적잖은 것으로 알려졌다. 한 예로 미국의 회사는 '엔테로코커스 페칼리스'라는 장(腸)질환 관련 미생물의 유전자를 전체 분석했는데 유전정보의 양만도 A4용지 2천쪽에 이르는 것으로 밝혀졌다.

이 경우 사실상 이 미생물에 대한 다른 연구팀의 부분적인 유전자 연구는 쓸모가 없어지는 셈이다.

특허청 유전공학심사담당관실 이성우 과장은 "인간 유전자 분석 작업이 올해 안으로 끝나게 돼 있어 유전자 특허가 봇물을 이룰 것으로 보인다"고 말했다.

특허청은 인간 유전자가 특허 대상이 되느냐의 여부로 국제적 논란이 있기는 하지만 일단 유전자의 기능이 규명됐다면 권리를 인정해 줄 방침이다.

대전=김창엽 기자
<atmos@joongang.co.kr>

(중앙일보 2000. 3. 14)

인간 게놈 정보
美·英 무료 공개

클린턴-블레어 공동성명
질병 연구 활발해질듯

빌 클린턴 미국 대통령과 토니 블레어 영국 총리가 14일 '인간게놈 프로젝트'의 연구결과를 무료 공개해 전 세계 과학자들이 자유롭게 이용케 한다는데 합의함에 따라 이를 응용한 의학연구 등에 커다란 영향을 미칠 것으로 보인다.

클린턴 대통령과 블레어 총리는 이날 양국에서 동시에 발표한 공동성명을 통해 "인간게놈 정보의 무료공개는 의학연구를 자극해 인류의 질병 위험을 줄이고 건강수준을 향상시키는 것은 물론 인간 삶의 질을 높여줄 것"이라고 강조했다.

◇의미와 배경=인간게놈이란 한마디로 인체에 담긴 기초적인 유전정보다. 이를 완전히 해독하면 당뇨 등 많은 유전병의 발병가능성을 예측하고 치료방법을 용이하게 찾을 길이 열리게 된다.

클린턴은 지난달 29일 "앞으로 두달 후면 인간게놈의 배열을 밝히는 작업이 완료돼 다음 단계인 인간 유전자 지도 작성작업으로 넘어갈 것"이라고 밝힌 바 있다.

게놈 정보가 모두 밝혀지게되면 이를 토대로 유전자와 관련, 질병에 대한 연구가 본격화할 전망이다. 문제는 인간의 유전정보를 기업들이 상업적으로 이용하는 것이 생명윤리상 타당하냐는 점이다. 미·영 정상들의 무료공개 선언은 이같은 생명윤리 논쟁을 극복하고 많은 과학자와 생물공학기업들이 게놈 연구결과를 이용해 의학적인 연구를 할 수 있도록 길을 열어준 조치로 평가된다.

인간게놈 연구자료를 무료공개하면 과학자들이 지역에 따른 정보부족이나 저작권료 부담 없이 유전자와 관련 질병 등을 연구할 수 있어 전세계적으로 과학·의학·의약품 연구를 촉진할 수 있다.

◇지적재산권 문제=하지만 인간게놈 자료의 무료공개는 지적재산권 침해의 소지가 있어 논란이 예상된다. 미 국립보건원(NIH)이 주도하는 인간게놈 프로젝트에 참가한 여러 국가의 연구진과 작업속도를 획기적으로 높이는 기술을 개발, 독자적으로 연구를 수행 중인 미 생물공학업체 셀레라사 등이 반발할 수 있기 때문이다.

민간부문에서 유일하게 게놈연구를 수행하고 있는 셀레라사는 13일 NIH 주도의 국제 게놈연구팀과 연구결과 공유를 논의했으나 외부 비공개 조건을 제시해 협상을 깼다. 셀레라사는 인간 유전자 배열을 모두 파악하면 상업적 가치가 없는 일반 정보는 광범위하게 공개하되 유용한 정보는 상업적으로 이용하겠다는 의도를 가진 것으로 알려졌다.

채인택 기자
<ciimccp@joongang.co.kr>

생쥐 한마리가 30억원?

유전자조작 벤처기업서 40여마리 생산
株式 시가총액 1,740억으로 뛰어 '황금의 쥐'

생쥐 한 마리의 가치가 30억원이나 된다.

외국 얘기가 아니다. 생물공학기술을 기반으로 하는 바이오 벤처기업으로 코스닥시장에 등록된 마크로젠이 만들어낸 실화다.

액면가 5백원인 마크로젠(자본금 16억원) 주식은 주당 9천원에 공모돼 지난달 22일 등록된 뒤 16일째 상한가 행진을 계속, 15일 현재 5만4천4백원을 기록했다.

시장가격이 액면가의 1백배 이상으로 뛰었고, 시가총액은 1천7백40억원으로 불어났다.

이 회사의 상품은 마리당 5백만~6백만원에 팔리는 유전자 조작 생쥐로, 공급량은 연간 40~50마리가 전부다.

쥐 한마리가 이 회사의 시가총액에 기여한 값어치를 산술적으로 따지면 50여마리를 기준으로 해도 30억원이 넘는다는 계산이 나온다.

마크로젠은 면역결핍 생쥐와 당뇨병 생쥐 등 두가지를 생산하는데, 이 쥐들은 조작된 유전자 기술이 인체에 어떤 기능을 하는지 밝혀내는 데 쓰이고 있다.

내년에는 특정 유전자를 제거했을 경우 어떤 결과가 나타나는지 확인하는 용도로 쓰는 적중생쥐를 생산할 계획이며, 마리당 가격을 3천만원으로 잡고 있다.

이 회사 정현용(鄭炫容)게놈사업본부 차장은 "미국과 영국이 유전자지도인 게놈의 정보를 무료로 제공하겠다고 발표함에 따라 자체 개발한 DNA칩을 상용화할 경우 생명정보 회사로 발돋움할 수 있다"고 말했다.

〈관계기사 8.50면〉

마크로젠 외에도 이미 바이오시스·이지바이오·벤트리 등이 바이오 벤처주식으로 코스닥에 등록돼 있다.

지난주 꽁모주 청약을 마친 유전자 사료업체 대성미생물연구소는 청약경쟁률이 2천1백 대 1을 넘어 추첨을 통해 1주씩만 배정됐을 정도였다.

김동호 기자
<dongho@joongang.co.kr>

이제 유전자 비즈니스가 뜬다

2022년 3월 25일 인쇄
2022년 3월 31일 발행

지은이 | 오쿠노유미꼬 · 닛게이산업소비연구소
옮긴이 | 김 정 수
펴낸이 | 김 용 성
펴낸곳 | 지성문화사
등 록 | 제5-14호 (1976. 10. 21.)
주 소 | 서울시 동대문구 신설동 117-8 예일빌딩
전 화 | (02) 2236-0654
팩 스 | (02) 2236-0655